U0167847

厦门市文化和旅游局
厦门市闽南文化研究会 编

闽南非物质文化遗产丛书·第二辑

乌龙茶（铁观音）制作技艺

林水田 林燕婷 著

海峡出版发行集团
THE STRAITS PUBLISHING & DISTRIBUTING GROUP
鹭江出版社
LUJIANG PUBLISHING HOUSE

2020年·厦门

总　序

厦门的非物质文化遗产，伴随厦门的兴衰，历经沧桑，衍变至今，形成一个既相对完整，又富有创造精神的文化生态，承前启后，自成风貌。

自国家级文化生态保护实验区设立后，闽南文化出现了极其繁荣的局面。厦门各界大胆实践，守正创新，既制定发展规划，又出台建设办法，构建了较为完善的国家、省、市、区四级非遗传承体系，一批非物质文化遗产展示区、保护试点、传承中心等项目建设顺利推进。

2017年，金砖五国国家领导人在厦门会晤，厦门非遗再一次受到国家的高度重视。会晤期间，文旅部门成功组织了非遗展演活动，习近平总书记还亲自向普京总统推荐、介绍厦门非遗，其中厦门漆线雕、惠和影雕大放异彩，为国家赢得了荣誉。

2019年，厦门的国家级非遗项目送王船，首次成为中国和外国联合申报人类非遗名录的项目，成功列入2020年联合国教科文组织的审核清单。在这一段时间里，中国和马来西亚各自从本土出发，带着兼收并蓄的开放心态，跨越古今中外，加强研究，凝聚共识，形成合力，统一文本，联合申报。如今，人们对送王船等非遗的研究，兴趣越来越浓，关注越来越多，认识也越来越深，可以说成绩斐然，硕果累累。这些研究，从远处说，是一种文明成就；从近处说，贴近人心，满足人们对美好生活的向往，弥足珍贵。

2013 年，闽南非遗丛书第一辑的出版，引起全球闽南文化圈的关注，使热爱厦门的广大民众，对厦门的非物质文化遗产多了一分了解。这辑丛书，实际上是一个"药引子"，要配齐整服药，需要这座城市所有人一起努力，不断进取，继续把厦门的闽南非遗捡拾起来，补充完整，互联共享，让厦门非遗在新的起点上，实现新作为，激发新活力。

如今，闽南非遗丛书第二辑，在人们的热切盼望中出版在即，这是厦门非遗建设取得的又一丰硕成果。该丛书侧重选择具有较高社会价值、美学价值和科学研究价值的类别，以民俗文化为主，对有形的、无形的、静态的、动态的非物质文化遗产进行梳理和总结。一套八本，内容丰富，为厦门非遗的创造性转化和创新性发展，又搭建了一个新的信息展示平台，让人们对厦门相关非遗项目的历史脉络和文化特征有更深刻的认识和了解。

无疑，无论是那些在中山公园晚春楼喝茶聊天的老先生，还是在锦华阁听古乐南音的老阿婆，他们都生活在先人留下来的文化氛围中。这些轻松、温馨的场景，每每让人涌起潜藏的感情，沉浸其中，又怦然心动，且难以自拔。这些场景、这种感情，日渐成为厦门非遗的一道人文景观。厦门非遗是闽南文化研究的核心，寄望于世世相传，代代相承。也正缘于此，闽南非遗丛书第二辑的出版，弥补了厦门非遗研究某些方面的缺失，为这座文化底蕴深厚的城市增添了一抹迷人的色彩。

当前，厦门遗留下来的非遗文化形态多姿多彩，备受瞩目。人们对闽南文化综合性的整体研究刚刚起步，但势头良好，令人备感欣慰！厦门闽南文化研究会原会长陈耕先生，以多种方式鼓励学者同仁，合其人力物力，推动厦门非遗的研究，体现了共建学术共同体的责任，其心可嘉，值得铭记。

厦门市闽南文化研究会会长　叶细致

目录

前言 ……………………………………………………… 1

第一章 乌龙茶与铁观音 ………………………………… 1

　第一节 乌龙茶概述 …………………………………… 1

　第二节 铁观音——乌龙茶中的佼佼者 …………… 9

第二章 源远流长——铁观音溯源 …………………… 19

　第一节 从闽南和闽茶的历史说起 ………………… 19

　第二节 海丝茶路 …………………………………… 27

　第三节 乌龙茶（铁观音）制作技艺的诞生与发展 … 37

　第四节 乌龙茶（铁观音）制作技艺的传播 ……… 43

　第五节 乌龙茶（铁观音）的传播 ………………… 48

第三章 根基为本——铁观音种植与茶园管理 ……… 55

　第一节 铁观音的种植 ……………………………… 55

　第二节 茶园的管理 ………………………………… 60

第四章 匠心独运——铁观音传统制作技艺 ………… 64

　第一节 采摘工艺 …………………………………… 64

　第二节 初制工艺 …………………………………… 68

　第三节 精制工艺 …………………………………… 76

第五章 闽南与茶——无茶不成礼 …………………… 82

第一节　闽南功夫茶 …………………………………… 82

第二节　闽南茶俗及相关信俗 ………………………… 86

第六章　岁月传承——实现创造性转化与创新性发展

………………………………………………………………… 89

第一节　当代的保护与传承 …………………………… 89

第二节　创新性发展 …………………………………… 97

主要参考文献 …………………………………………… 109

后记 ……………………………………………………… 110

前　言

　　饮茶是闽南人普遍的生活习惯，大多数闽南人晨起第一件事就是烹水泡茶。敬茶在闽南地区不仅是待客的一种基本礼节，更是作为祭祀中重要的礼：最隆重的祀日——大年初九"天公生"要敬茶；初一、十五烧香拜佛也要敬茶。可以说，茶对于闽南人来说不只是一种饮品，更是一种根植于心的文化与精神寄托，同时其在我国海上丝绸之路对外贸易中也扮演了重要的角色。

　　闽南产茶历史悠久，盛产各大茶类，但深受闽南人喜爱的当属乌龙茶。作为乌龙茶中的佼佼者，安溪铁观音，因其茶质特异，乌润结实，沉重似铁，香韵形美，犹如观音而得名。其茶种的发现始于清朝，源于安溪西坪。它正是采用了乌龙茶"半发酵"的制作技艺，以其优异品种，结合安溪独有的地质、地形、地貌、纬度、气候等地理环境特色，

安溪铁观音

从而形成"三大香"（品种香、工艺香、火工香），是乌龙茶中的珍稀品。

1

2006 年 11 月 25 日，安溪县政府下发《关于公布安溪县第一批非物质文化遗产保护名录的通知》（安政〔2006〕299 号文），安溪铁观音传统制作技艺被列入安溪第一批非物质文化遗产保护名录。

2007 年 3 月 27 日，泉州市政府公布第一批非物质文化遗产名录，安溪乌龙茶（铁观音）制作技艺被列入泉州市首批市级非物质文化遗产名录。

2007 年 8 月 28 日，安溪乌龙茶铁观音制作技艺被列入泉州市第二批省级非物质文化遗产名录。

2008 年 6 月 7 日，国务院公布第二批国家级非遗名录，乌龙茶（铁观音）制作技艺入选我国国家级非物质文化遗产名录。

这意味着乌龙茶（铁观音）制作技艺步入一个崭新的阶段。作为我国一项宝贵的非物质文化遗产，乌龙茶（铁观音）制作技艺不仅仅是一项具体的技艺或技术，更是千千万万闽南儿女的智慧结晶，即最重要的文化核心精神，是精神文化与物质文化相结合的产物。技艺会随着时代变迁不断变化发展，乌龙茶（铁观音）制作技艺同样如此，但智慧永远给我们以启迪，因此需要我们在当代继续传承和弘扬，保留这份对于闽南人来说弥足珍贵的非物质文化遗产。

第一章　乌龙茶与铁观音

第一节　乌龙茶概述

乌龙茶，原称青茶，后又称"半发酵茶"。所谓"半发酵"是指茶叶采摘后，经光照、摇翻和揉捻，茶叶的细胞膜结构破损，使得原先存在于细胞中的氧化酶与多酚类物质（儿茶素等）进行接触，产生一系列化学转变。同时在动静交替、昼夜温差下，逐步减少水分，并在茶叶由内而外所产生的芳香溢发一半左右时进行杀青。不同于红茶全发酵和绿茶不发酵的制作工艺，独具特色的乌龙茶制作技艺得以诞生，形成三大系统，十大工序，其繁复、精湛、微妙、神奇，为世界制茶工艺之最。

乌龙茶的产生，还有些传奇的色彩。在闽南民间数百年来流传着一段"苏良与乌龙茶"的传说。

据说，明末清初有一位名叫苏良的打猎能手，因常年风吹日晒，长得健壮黝黑，乡亲们亲切地唤他"乌龙"（闽南方言"乌"即"黑"，"良"与"龙"谐音）。一次采茶返回途中，苏良见一只山獐从前方溜过，便端起猎枪，击伤山獐。受了伤的山獐夺路而逃，苏良便背着茶篓一路追赶抓捕，终于捕获。然而天色已晚，又忙于宰杀品尝，竟把茶叶搁置一旁。翌日清早要动手炒制时，发现茶叶已经枯萎，叶缘出现如血丝般的红边，闻之却有一股奇特的香味，炒制后香气扑鼻。冲泡品饮，全无往常的苦涩，且香气更足，味更甘醇，众人品后连连称赞。苏良细细琢磨，终于悟出了其中缘由：茶青在茶篓中经过抖动，叶缘互相碰擦，从而形成红边，这样制出来的茶叶最终形成天然的花果香味。经过反复实践，苏良摸索出了一整套新的制茶技艺，并传给了父老乡亲，大大提高了茶叶品质。苏良死后，人们感念他的贡献，便将依照此法制作的茶叶称为"乌龙茶"，并在他原来居住的地方兴建了一座"打猎将军庙"。

乌龙将军塑像

　　乌龙茶因其做青的方式、工艺及地域差异，一般分为闽南乌龙、闽北乌龙、广东乌龙、台湾乌龙等四大类。乌龙茶为我国特有的茶类，主要产于福建的闽南、闽北地区及广东、台湾等地。

　　据陈宗懋主编的《中国茶经》载："闽南是乌龙茶的发源地，

由此传向闽北、广东和台湾。"
闽南乌龙茶主产于福建南部的
安溪、永春、南安、同安等
地，主要品类有铁观音、黄金
桂（黄旦）、本山、毛蟹、梅
占、大叶乌龙、永春佛手、漳
平水仙等。

闽南制茶工具

一、铁观音

铁观音，因其形如观音、沉重似铁得名，产于安溪县，是闽
南乌龙茶的代表，也是其中的极品，中国十大名茶之一。铁观音
茶树属灌木型，中叶类。枝条斜生，树冠张开。叶形椭圆，叶色
深绿，叶质柔软肥厚，叶面呈波浪状隆起，略向后翻，叶的尖端
稍凹，向左稍歪，略下垂，嫩芽呈紫红色，有"红芽歪尾"之
称。每年3月下旬发芽，5月上旬开采，一年分四季采制。但茶
叶品质以春茶之茶汤最佳，秋茶之味最香，俗称"春水秋香"。

铁观音茶树

铁观音叶片"红芽歪尾"

铁观音成品茶颗粒卷曲、壮结、沉重，其外形呈青蒂绿腹蜻
蜓头状，色泽鲜润，砂绿显，红点明，叶表带白霜，有人戏称

3

"蜻蜓头青蛙腿"，取少量放入茶壶，可闻"当当"之声。同时，铁观音以其天然的兰花香和独特的"观音韵"区别于其他茶类，喝一口铁观音，舌根轻转，可感茶水醇厚甘鲜，慢慢下咽，更觉喉间回甘生津，令人回味无穷，有"绿叶红镶边，七泡有余香"之赞誉。

铁观音干茶颗粒　　　　　　　"蜻蜓头青蛙腿"

二、 黄金桂

黄金桂，又名黄旦、透天香，原产于安溪虎邱，因其汤色金黄，闻之有奇香似桂花而得名。黄旦本是茶树的树名，制成成品茶后通称为"黄金桂"，是闽南乌龙茶中风格有别于铁观音的又一极品。

黄旦的萌芽、采制、上市时间都比较早，是乌龙茶茶树中最早抽芽的品种，其采摘时间一般在每年4月中旬，比其他品种早十多天。其茶树叶片较薄，叶面略卷，叶齿深且较锐，外形"黄、匀、细"，内质"香、奇、鲜"。精制加工后，黄金桂外形呈半球形，条索紧细，外观匀称，色泽黄绿光亮。冲泡出的汤色澄黄鲜明，叶底棕红中间黄绿，闻之有桂花香，香彻肌骨，所以有"未尝清甘味，先闻透天香"的美誉。

黄旦 黄金桂

"黄旦"这一名称的由来在原产地有两种传说。一说约在19世纪中叶,安溪县虎邱镇美庄村有青年农民林梓琴,他的新婚妻子王淡娘家在安溪西坪珠洋村,按当地习俗,新娘回门后返夫家时要"对月换花",即新娘需从娘家带回一株植物苗,称"带青"。王淡便从娘家带回一株小茶苗,种在自己家附近茶园内,采制之后有意外之获:泡出的茶汤汤色如金,焕发异彩,芳香无比。后人为纪念王淡引植之功,便将这茶称为"黄旦",后经林家后裔在乡中着力推广,声誉日隆,销路远拓至东南亚,因其带有桂花香,而又有"黄金桂"的别名。

另一说,清代安溪虎邱镇罗岩村茶农魏珍偶然从北溪天边岭移植了一株茶树,采制后茶叶香馥扑鼻,大异于常茶,魏珍邀请邻人共享奇茗,冲泡之后未及揭盖而有清香拂面。后人据此茶叶色带黄而名之为黄旦。

黄旦制作工艺考究,早、中、晚的茶青要分开,晒青、摇青的程度比铁观音都要轻,因为它的叶质比铁观音要柔嫩。制茶的香气要求清纯,不能有焦味。

三、 本山

本山，原产于安溪西坪镇，是铁观音"近亲"，但长势与适应性均比铁观音强。植株为灌木型，属中芽种，中叶类。叶形椭圆，叶薄质脆，叶面稍内卷，边沿波浪明显，叶齿大小不匀，芽密且梗细长。枝尾部稍大，枝骨细、红亮，色泽乌润。香气高长，滋味醇厚鲜爽，有回甘、轻微酸甜味。

本山　　　　　　　　　　　　毛蟹

四、 毛蟹

毛蟹，原产于安溪大坪。植株为灌木型，中芽种，中叶类。叶形椭圆，叶端突尖，叶片平展，叶色深绿，叶肉厚脆，锯齿锐利，叶背白色茸毛多，芽叶壮实，茎粗节短。一年生长期八个月，育芽能力强，发芽密而齐，采摘次数多，全年可采五至六轮。毛蟹适应性广，抗逆性强，易于栽培，产量较高。成品茶条索结实弯曲、螺状，头大尾小，芽部白毫显露，色泽乌绿，稍有光泽，香气高而清爽，滋味清纯略厚，红边尚明。

五、 梅占

梅占，原产于安溪芦田。植株为小乔木型，中芽种，大叶类。

树姿直立，主干明显，分枝较稀，节间较长。叶呈椭圆形，叶色深绿，叶面平滑内折，叶肉厚而质脆，叶缘平锯齿疏浅。年生长期七个月左右。适应性广，抗逆性强，产量较高，在不同产地能适制各种茶类。

梅占

六、 大叶乌龙

大叶乌龙，又名打野乌。原产于安溪长坑。植株灌木型，中芽种，中叶类。树姿半开展，分枝较密，节间尚长。叶呈椭圆形或近倒卵形，尖端钝而略突，叶面略呈弧状内卷，叶色暗绿，叶厚质脆，锯齿较细明。开花结实率较高。适应性广，根系发达，耐旱且耐寒，少受病虫害，育芽能力强，产量高。大叶乌龙分布较

大叶乌龙

广，原主要以长坑、西坪为多，现已被省内外茶产区广泛引种。

七、 永春佛手

佛手茶，又名香橼种、雪梨，因其形似佛手、名贵胜金，又称"金佛手"，是闽南乌龙茶中风味独特的名品。原产于安溪虎邱金榜骑虎岩，现安溪境内只有少量栽种，永春县大量引种，因此也习惯称为"永春佛手"。

永春佛手茶是佛手品种茶树嫩梢制成的乌龙茶。植株灌木型，中芽种，大叶类。树姿开张，枝疏细软。叶大如掌，呈卵圆

形，叶面扭曲不平，主脉弯曲，叶齿稀钝。叶色黄绿富有光泽，叶肥厚，叶质柔软，芽梢稀疏肥壮。

茶之所以以柑橘的名称命名，不仅因为它的叶片和佛手柑的叶子极为相似，还因为制出的干毛茶在冲泡后会散发出如佛手柑所特有的奇香。

永春县冬暖夏凉，纯正优良的茶树品种、得天独厚的自然环境和精湛的制作工艺，使得永春佛手茶形体美观、质量上乘，成为茶中的名品。因具有禅茶的特性，所以又被称为"佛茶"。

永春佛手茶树　　　　　　　　　漳平水仙

八、 漳平水仙

漳平水仙，是乌龙茶类中唯一的紧压茶。原产于漳平市双洋镇中村，后发展到漳平市各地，以漳平九鹏溪地区为主产区。漳平水仙多以茶饼的形式出现，又名"纸包茶"，是用水仙品种茶树鲜叶，按闽北水仙加工工艺经木模压造而成的一种方饼形的乌龙茶。

其成品茶的形状呈正方形，极具浓郁的传统风味，香气清高幽长，具有如兰气质的天然花香，滋味醇爽细润，鲜灵活泼，经久藏，耐冲泡，茶色赤黄，细品有水仙花香，喉润好，有回甘，更有久饮多饮不伤胃的特点，畅销于闽西各地及广东、厦门一带，并远销东南亚国家和地区。

漳平水仙茶的主要制作特点是晒青较重，做青方法结合了闽北乌龙茶与闽南乌龙茶做青的技术特点，做青前期阶段使用水筛摇青，后期使用摇青机摇青，前后各两次，摇青时要掌握多次轻摇的原则，做青前期阶段轻摇，做青后期阶段适当重摇；凉青时要掌握薄摊多晾原则。经炒青、揉捻后，采用木模压制造型、滤纸定型的特有工序，最后进行精细的焙笼炭焙，便形成外形独特、品质优异、风格珍奇的乌龙茶类唯一的紧压茶。

闽南是最大的乌龙茶产区，以安溪为主要代表。安溪生产的铁观音、本山、黄金桂、毛蟹，合称为"四大名旦"，但以铁观音的色香味韵最为玄妙。

第二节 铁观音——乌龙茶中的佼佼者

铁观音是乌龙茶类中的珍品，产于福建省安溪县，采用乌龙茶半发酵制作技艺，并结合安溪独特的地理环境制作而成，因其茶质特异，乌润结实，沉重似铁，香韵形美，犹如观音而得名，也称"安溪铁观音"。其茶种的发现始于清朝，至今已有200多年的历史。

安溪地处戴云山东南坡，自然环境得天独厚，气候温和，雨量充沛，四季常青，云雾缭绕，十分有利于铁观音茶树的生长。铁观音的制作要求十分精细，有"好喝不好制"之说，其做青所呈现的"绿叶红镶边"的神奇征象是其他茶类所没有的，从而形

铁观音"沉重似铁"　　　安溪茶山——铁观音生长环境

成铁观音独特的色、香、韵，富有神韵和魅力，在我国制茶界独树一帜，并形成了铁观音茶文化。

一、 美丽的传说

关于铁观音的诞生历来有两种传说。一是"魏说"。相传，清雍正三年（1725）前后，西坪尧阳松林头（今西坪镇松岩村）有一位老茶农魏荫，勤于种茶又信奉观音。一夜，魏荫在熟睡中

魏荫塑像

梦见自己荷锄出门，行至一溪涧边，在石缝中发现一株茶树，正想探身采摘却被狗吠声扰醒。第二天，魏荫循梦中途径寻觅，果然在一石坑的石隙间发现一株如梦中所见的茶树，遂将茶树移植在家中并悉心培育。因传说中"观音托梦得之"，所以人们将这茶取名为"铁观音"。

　　一是"王说"。相传，清代有一安溪西坪尧阳人，名为王士让，其人生性好集奇花异草。乾隆元年（1736）春，士让告假南轩，于层石荒园发现一株异茶，遂移栽之。采制成品，香馥味醇，乾隆六年（1741）托方苞转献内廷。乾隆喜饮，观其外状遂赐名"铁观音"。

王士让当年读书处

二、　观音独韵

　　铁观音兼具香气、滋味和韵味。人们常说，会品铁观音，其他茶的味道就一通百通了。而安溪铁观音最大的个性——"观音韵"，需要调动身心五感、专注一心才能体会得到。品"观音韵"是一种精神与感官的绝佳体验。

安溪铁观音独有的"观音韵"向来扑朔迷离，难以描述。也正因为这种"只可意会，不可言传"的遗憾，给铁观音蒙上了一层神秘的面纱，让人心生向往、不断寻觅。

品铁观音时，常会听到这样一句话："未尝甘露味，先闻圣妙香。"爱喝铁观音的人往往会觉得它的迷人之处首先就在于茶香，或清雅如兰花，或馥郁如桂花。因此，要感受一泡铁观音是否具有"观音韵"，往往从闻香开始。优质的铁观音往往带有似兰花或桂花的香气，同时具有一种神奇的穿透力，深吸一口气，它的香气便能透过鼻子，穿过喉咙，直抵你的五脏六腑，甚至于每个细胞。

而铁观音之诱人，又绝不仅限于它的兰桂之香。上品铁观音之妙，更在于汤质细腻甘滑，滋味百转千回，当我们品饮时，会有一种齿颊留香、喉舌回甘、两腮生津的感觉。其清甜如山泉涌流，其茶韵如天上梵音，袅袅不绝。这种"观音韵"在优质的传统正味铁观音上体现得最为明显，也成为评判铁观音品质的一个标准。

而"观音韵"的形成，与铁观音生长的环境密切相关，一般只有海拔、水质、土壤、气候适宜才会产生"韵"。正如《安溪铁观音——一棵伟大植物的传奇》一书中所描述的，"观音韵"好比中国古老的书法、绘画艺术，其所涵盖的内容其实已远远超过了形式本身，它能将人带入一种难以言说的美妙境界。

《文心雕龙·声律》篇中写道："异音相从谓之和，同声相应谓之韵。""观音韵"就是与一种美妙的境界同声相应。吴传家说"有心才能会韵"，一杯好茶的"观音韵"，好比住在高山茶园里，清晨起来推开门，雾气浮荡之中，瞬间阳光普照全身，而新鲜空

安溪茶山

气扑面而来——那种心旷神怡，非言语所能表达。

铁观音的香气，犹如空谷幽兰，清高隽永，其滋味醇厚，香留齿颊，余味回甘，恰如宋代大诗人陆游诗中所云"舌本常留甘尽日"。这种滋味源自优良茶种本身的优异品质，也难怪评茶专家们尤爱称道安溪铁观音独具的"观音韵"了。

三、 铁观音香型

根据目前行业的界定，铁观音主要分为清香型、浓香型、陈香型三大类。所谓清香型和浓香型，其概念的区分最早始于2005年1月1日起实施的、由国家质检总局和国家标准化管理委员会批准发布的强制性国家标准 GB 19598—2004《原产地域产品 安溪铁观音》。

（一）清香型铁观音

清香型铁观音的特点：香气高、馥郁持久，花香鲜爽，醇正回甘，"观音韵"十足，茶汤金黄色，清澈明亮，于口、舌、齿、龈间有清爽的感觉。

其中，最传统、最优质的，被称为"正味铁观音"，是依照传统做法制作而成的。其特征表现为：干茶颗粒呈半条索状，较为弯曲紧结（俗称"蜻蜓头，青蛙腿"），梗皮红褐色；色泽带砂绿，红点明显；汤色金黄明亮，茶汤味滑、活、厚，上等茶叶带兰花香、桂花香或糖果香，回甘持久，口齿留香；泡后叶底呈黄绿色、肥厚、有光泽，叶片柔软，叶面往往为"绿叶红镶边"。

清香铁观音干茶颗粒

清香铁观音茶汤

清香铁观音汤色

（二）浓香型铁观音

浓香型铁观音，又称"熟茶"，是在清香型铁观音的基础上，经过传统烘焙方式加工制作而成的。其干茶肥壮紧结，色泽乌润，香气纯正，带甜花香或蜜香、栗香等，其汤色呈深金黄或橙黄色，醇厚甘滑，叶底带余香，可经多次冲泡。

如再加细分，有韵香型、传统浓香型和炭香型三种。韵香型口感介于清香型和浓香型之间；传统浓香型，即通过低温慢焙而成，传统工艺多以木炭烘焙，现代工艺进行技术改进后，更多地采用烘焙机烘焙；炭香型则是地地道道用炭火烘焙制作，具有天然的火香味。

浓香铁观音干茶颗粒

浓香铁观音茶汤

（三）陈香型铁观音

陈香型铁观音，即清香型、浓香型铁观音经长时间醇化后，习惯上称"陈年铁观音"，民间俗称"老茶"。在闽南地区，许多家庭尤其是茶农家里，都有每年存放铁观音的习惯。存放的茶经过一定时间的沉淀，某些特性会发生改变，茶味更醇厚、回甘性更好、韵味更明显。

陈年铁观音性温，有暖胃、补气、降血脂血压、降火消食、安神等养生保健功效，有"三年是药，五年是金，十年是宝"之说。

陈香铁观音干茶颗粒

各年代铁观音茶汤汤色

附：

2004年11月4日国家质检总局和国家标准化管理委员会批准发布、2005年1月1日起实施的 GB 19598—2004《原产地域产品 安溪铁观音》中，制定了安溪铁观音清香型、浓香型感官指标的强制性标准。

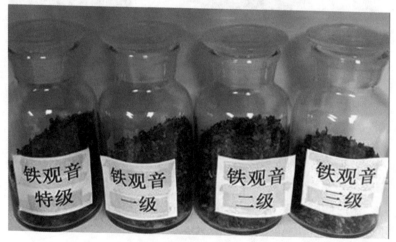

铁观音香型评定等级

1. 清香型安溪铁观音的感官指标。

清香型安溪铁观音按感官指标分为特级、一级、二级、三级，各级感官指标应符合表 1 的要求。

表 1　清香型安溪铁观音感官指标

项目		级别			
		特级	一级	二级	三级
外形	条索	肥壮、圆结、重实	壮实、紧结	卷曲、结实	卷曲、尚结实
	色泽	翠绿润、砂绿明显	绿油润、砂绿明	绿油润、有砂绿	乌绿、稍带黄
	整碎	匀整	匀整	尚匀整	尚匀整
	净度	洁净	净	尚净、稍有细嫩梗	尚净、稍有细嫩梗
内质	香气	高香、持久	清香、持久	清香	清纯
	滋味	鲜醇高爽、音韵明显	清醇甘鲜、音韵明显	尚鲜醇爽口、音韵尚明	醇和回甘、音韵稍轻
	汤色	金黄明亮	金黄明亮	金黄	金黄
	叶底	肥厚软亮、匀整、余香高长	软亮、尚匀整、有余香	尚软亮、尚匀整、稍有余香	尚软亮、尚匀整、稍有余香

2. 浓香型安溪铁观音的感官指标。

浓香型安溪铁观音按感官指标分为特级、一级、二级、三级、四级，各级感官指标应符合表 2 的要求。

表 2　浓香型安溪铁观音感官指标

项目		级别				
		特级	一级	二级	三级	四级
外形	条索	肥壮、圆结、重实	较肥壮、结实	稍肥壮、略结实	卷曲、尚结实	尚弯曲、略粗松
	色泽	翠绿、乌润、砂绿明	乌润、砂绿较明	乌绿、有砂绿	乌绿、稍带褐红点	暗绿、带褐红色
	整碎	匀整	匀整	尚匀整	稍整齐	欠匀整
	净度	洁净	净	尚净、稍有嫩幼梗	稍净、有嫩幼梗	欠净、有梗片
内质	香气	浓郁、持久	清高、持久	尚清高	清纯平正	平淡、稍粗飘
	滋味	醇厚、鲜爽回甘、音韵明显	醇厚、尚鲜爽、音韵明	醇和鲜爽、音韵稍明	醇和、音韵轻微	稍粗味
	汤色	金黄、清澈	深金黄、清澈	橙黄、深黄	深橙黄、清黄	橙红、清红
	叶底	肥厚、软亮匀整、红边明、有余香	尚软亮、匀整、有红边、稍有余香	稍软亮、略匀整	稍匀整、带褐红色	欠匀整、有粗叶及褐红叶

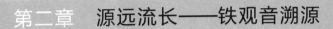

第二章　源远流长——铁观音溯源

第一节　从闽南和闽茶的历史说起

　　铁观音的出现始于清代，坊间流传源自美好的传说。但事实上，铁观音这一珍贵茶种及其制作技艺的出现绝非偶然，不是一棵茶树或几家几户能说得清，更不是一两个传说可以概括，联系闽南的发展历史和闽茶的悠久历史，便可从中找到内在的些许联系。铁观音溯源需要从探究闽南这片土地的历史做起。

　　闽南族群，由中原汉族移民融合闽南当地古百越族而产生。中原向闽南的大批移民，据记载主要有三次，第一次大规模移民是在西晋永嘉年间。当时为躲避战乱，大批中原农民和丧失权势的士族地主纷纷举家南迁。据乾隆《福州府志》卷七五《外纪》引《九国志》记载："永嘉二年，中州板荡，衣冠始入闽者八族：林、黄、陈、郑、詹、邱、何、胡是也。以中原多事，畏难怀居，无复北向。"此次移民潮带来了中原先进的农耕文化，使闽南的生产力迅猛提高。移民逐渐融合了晋江流域的少数民族。据说，晋江之所以叫晋江，就是因为这些迁移来的晋朝豪门贵族为怀念故国晋朝而命名的。

19

八姓入闽族谱

南安莲花峰茶襟石刻

闽南产茶历史，有记载可寻的，同样源于晋朝，这从南安丰州九日山莲花峰上至今存有的"莲花茶襟　太元丙子"石刻可得到佐证。"太元丙子"为东晋孝武帝司马曜的年号，石刻内容意为：从莲花峰上向四周看去，茶园如襟如带，层层叠翠，尽是一片绿油油的茶树。这一石刻，也是闽南最早有关茶的题刻。

中原汉族第二次和第三次大规模进入闽南，都发生在唐朝年间，分别是唐朝总章年间（668—670）的陈元光父子"开漳入闽"和唐末王潮、王审知开闽据闽。移民不仅再次带来了中原的先进技术，更带来中原人的生活习惯，饮茶便是其中之一。

中唐之后，饮茶之风在中原地区已十分流行，逐渐成为一种风俗。茶圣陆羽于公元 8 世纪六七十年代撰写的世界首部茶书《茶经》便是在这一时期刊印出版，书中对茶的栽培、采摘、制造、煎煮、饮用等基本知识及迄至唐代的茶叶历史、产地、功效都作了扼要的简述，此书进一步促进了饮茶时尚的普及与茶叶种植业的发展，影响深远。随着众多中原移民的南迁，饮茶之风也普及到闽南一带。及至唐代，在陆羽《茶经·八之出》中已有福建生产"其味极佳"名茶的记载。

不过，福建茶的异军突起、名扬九州，则起于北苑龙凤团饼贡茶。

五代闽龙启元年（933），闽王将建瓯凤凰山方圆30里茶山列为皇家御茶园，因茶园地处闽国北部，故称北苑。到五代闽通文二年（937）开始出现作为贡品的建州茶膏，就是在精制的茶叶里面加进其他的香料，制成茶饼，外面再胶饰金缕图案。茶膏被进贡给当时的闽王王延曦。

到南唐保大元年（943），闽王王延政派潘承佑主持北苑

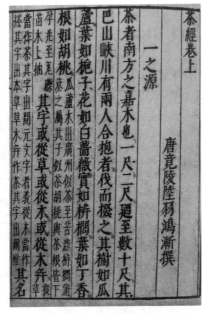

陆羽的《茶经》书影

茶事，专门研制进贡的膏茶（亦称乳茶，号京铤）。

南唐保大四年（946）二月，北苑的京铤乳茶开始替代原先武夷进贡的阳羡茶，成为之后举世闻名的北苑贡茶。

北宋开宝末（975），宋军攻下南唐，收北苑。太平兴国二年（977），宋帝特命置龙凤模，遣使命北苑造龙凤团茶，专门作为皇家饮用之茶。

这样，位于建溪之畔的建瓯凤凰山（文献也作凤山、凤皇山）北苑茶园便异军突起，把福建茶业推向历史上最辉煌的时期。

"建安茶品甲天下"（［宋］丁谓《北苑茶录》）——建安北苑于宋太平兴国年间开始成为御焙，是建安三十二焙之首，这里生产制作的龙团、凤饼贡茶名冠天下。宋人记载建茶（主要是北苑

茶）的种类、品质、制作、泡饮故事的各类著述以及以建茶为吟咏对象的诗词歌赋蔚为大观，作者上至皇亲国戚、明公巨卿，下至文人墨客、民间艺人，其中重要著述有《大观茶论》《茶录》《宣和北苑贡茶录》等不下20余种，其他散见于各家记载的作品更比比皆是。

福建建安凤凰山北苑茶石刻

宋代龙凤团茶图谱

言及北苑茶的历史，南宋赵汝砺在《北苑别录》中谈到："建安之东三十里，有山曰凤凰，其下直北苑，旁联诸焙，厥土赤壤，厥茶惟上上。太平兴国中，初为御焙，岁模龙凤，以羞贡篚，益表珍异。庆历中，漕台益重其事，品数日增，制度日精。厥今茶自北苑上者，独冠天下，非人间所可得也。方其春虫震蛰，千夫雷动，一时之盛，诚为伟观。故建人谓至建安而不诣北苑，与不至者同。"

北苑一带，土质属山地红壤，十分适于种茶，在北宋太平兴国年间，北苑以建安三十二焙之首成为皇家茶园后，每年以皇帝特别赐造的模具生产龙凤团茶进贡朝廷。北苑贡茶成为天下奇珍。

　　至宋庆历年间，在地方漕使（丁谓、蔡襄等人）的苦心经营下，各种北苑茶品日新月异，精益求精，数量益增，有关规制也日趋完善。南宋孝宗后，北苑贡茶更是独步天下，成为建安人的骄傲和建安文化的象征。

　　说到北苑茶，不得不提的一个人就是蔡襄，他是当时福建地区较有成就的茶人。蔡襄，仙游枫亭人，北宋名臣，19岁中了进士，先后在宋朝中央政府任馆阁校勘、枢密院直学士、龙图阁直学士、翰林学士和端明殿学士等职，此外，他还先后在漳州、福州、泉州、开封和杭州任过地方官。

　　蔡襄的茶人之名往往为其官声政绩、书法文章所掩。青史载，蔡君谟以冰壶之心立朝谏诤，外放地方官时则以修万安渡桥为理政清明的名气再添一桩烁世奇功。他的文章清遒粹美，书法更称当世第一。但蔡襄监制甲天下之北苑贡茶，推动建茶在宋朝地位的擢升等茶史上可圈点的事迹却大多不为人知，世人亦着墨不多，或含糊其词，实在可惜。

　　宋人彭乘《墨客挥犀》中述及蔡襄一则轶事。建安能仁寺院的石缝间生有茶树，寺僧采造共得茶八饼。僧人将此名为石岩白的茶送了四饼给蔡襄，将另外四饼秘密遣人送给了京师的内翰王禹玉。过了一年多，蔡襄回京访禹玉，禹玉命子弟从茶笥中选取上好之茶，碾煮后请君谟喝。蔡君谟才捧瓯，还没喝就说："这茶像极能仁寺的石岩白啊，你从哪儿得来的？"王禹玉不信蔡襄仅凭茶汤的色香即能认出产地，让人拿来茶贴核对，果然如蔡襄所说，于是服气。

　　蔡君谟出神入化的品茶本事在同一书中另有一则故事可以作证："建茶所以名重天下，由公也。后公制小团，其品尤精于大团。一日，福唐蔡叶丞秘教召公啜小团，坐久，复有客至。公啜而味之曰：非独小团，必有大团杂之。丞惊呼，童曰：本碾造二

23

人茶，继有一客至，造不及，乃以大团兼之。丞神服公之明审。"能在滋味相近又混杂一处的茶中品出区别，不是茶中高手是难以做到的。

上述"小团""大团"之谓牵涉蔡襄一生最重要的经历，可说荣辱皆由之得。北宋庆历年间（1042—1048），蔡襄继丁谓之后任福建漕使，他扩大了以制造龙凤团茶而闻名的建安北苑御茶园，亲自督制贡茶名品"小龙团"。欧阳修在《归田录》中评"小龙团"："茶之品莫贵于龙凤，谓之团茶，凡八饼重一斤。庆历中，蔡君谟为福建路转运使，始造小片龙茶以进，其品绝精，谓之小团，凡二十饼重一斤，其价值金二两，然金可有而茶不可得……"说明当时龙凤团茶的珍贵不同凡响。蔡襄督制的龙凤团茶还因采摘及时、制作工艺细致、运输神速而名闻京师。所谓"建安三千里，京师三月尝新茶""新香嫩色如始造，不似来远从天涯"（欧阳修《尝新茶呈圣俞》）。

蔡襄为促进北苑的茶叶生产，倾注了满腔热情，他的《北苑十咏》组诗充分传达了茶思茶情与茶人风骨。如《茶垄》："夜雨作春力，朝云护日华。千万碧玉枝，戢戢抽灵芽。"又如《试茶》："兔毫紫瓯新，蟹眼青泉煮。雪冻作成化，云间未垂缕。愿尔池中波，去作人间雨。"胸襟之博大、济世爱民之深情溢于言表。

蔡襄确实当得起一代茶人的评价，他的"茶名"如此之大，以至民间多有人以得蔡君谟之辨茶评茶为幸事。传说治平二年（1065）正月的一日，蔡襄记了这么件事。建安（今福建建瓯）人王大诏家产的王家白茶闻名天下，他家的白茶虽只一株，可是每年可制出五至七个茶饼，每饼有五铢钱那么大。在当时也是傲视一方，无人敢和他比的。王家白茶的茶饼一饼便值钱一千，不是亲朋好友不能得。也许是名气太大，茶树最终被人设计弄枯败

蔡襄《茶录》刻板（明版）

了。蔡襄经过建安时，王大诏找到他泣告此事。治平二年，这株枯树竟又生一新枝，虽然所产只够制成一个比五铢钱还要小的小茶饼，王大诏还是特地携上，越四千里来京见蔡襄。蔡襄不禁叹道："予之好茶固深矣，而大诏不远数千里之役。其勤如此，意谓非予莫之省也，可怜哉！"（蔡襄《茶记》）同是好茶人，王大诏是将蔡襄认作知己，才会远道而来，而蔡君谟与之心气相通、惺惺相惜，才提笔记下这一段佳话。

　　到了北宋大观初（1107），宋徽宗作《大观茶论》，全书2800多字，分20篇，以北苑、壑源为研究对象，探究茶叶采制技艺。绪论提出"清、和、澹、洁"四字的茶品精神，把饮茶要谛与意境发展为生活艺术，为中国茶道奠定了基础。

　　北宋宣和年间（1119—1125），漕臣郑可简对北苑贡茶作了分类：细色茶五纲四十三品，形制各异，共七千余饼；粗色茶七纲凡五品，大小龙凤饼，拣芽，入龙脑（龙涎香料），和膏为团饼茶，共四万余饼。

北宋宣和年间开始以茶色白者为贵，创有银丝冰芽，以茶剔叶取心，清泉渍之，去龙脑诸香，惟新銙小龙蜿蜒其上，称龙团胜雪。时人称："茶之妙，至胜雪极矣，每斤计工值四万，造价惊人，专供皇帝享用。"（见《长物志》）

南宋，乃至元初，北苑贡茶始终是皇家专供。直到元大德六年（1302），设置御茶园于武夷九曲溪的第四曲溪边，制作龙团五千饼入贡。北苑从此交建安县管理，虽仍采制龙凤团饼上供，但已渐渐流落民间。

明洪武二十四年（1391），北苑贡茶的末日终于降临。朱元璋下旨，罢造龙凤团饼贡茶，"惟采茶芽以进"。他还下诏："建宁岁贡上供茶，听茶户采进，有司勿与。"地方政府不得干预。

明宣德年间（1426—1435），宁献王朱权写成《茶谱》，认为唐以来"多尚奇古，制之为末，以膏为饼，至仁宗时而立龙凤团之名，杂以诸香，饰以金彩，不无夺其真味。然天地生物，各逐其性，莫若茶叶，烹而啜之，以遂其自然之性也"。他极力主张搞蒸青茶叶。

到15世纪中晚期，福建的茶普遍改制散形茶。如何把散形茶做好，做得像龙凤团茶那么有名、人人喜好、价值连城，这可不是那么简单的事。

对于乌龙茶的来历还有另一种说法。据《建瓯县志》记载，在制作技艺方面，首先是武夷岩茶接受江西、湖南"茶夫仔"传入并改造的炒青制作技术；其后又有"三红七绿"的青茶制作技术传入，但从何传入，语焉不详。

据中国著名茶学家庄晚芳先生的观点，乌龙茶的前身为北苑茶，乌龙茶制法即源于北苑龙凤团饼的制法。早在宋代，北苑茶名倾天下。庄教授认为，当时制龙凤团饼的原料用的是茶树的新梢，鲜叶要在筐内摇荡积压一天，到晚间才蒸制，因此，经过积压的鲜叶发生了部分红变，究其实质已属于半发酵了，也就是所谓乌龙茶制法的范畴。苏东坡在他的一首咏茶词中言道："采取枝头雀舌，带露和烟捣碎，结就紫云堆。轻动黄金碾，飞起绿尘埃。老龙团，真凤髓，点将来。兔毫盏里，霎时滋味舌头回……"词里对龙凤团茶的制作过程描述甚详——新采的叶子蒸得热气腾腾，捣碎后所结"紫云堆"或指半发酵后叶子绿红参半的颜色。而所谓半发酵茶，是指芽叶酶性部分氧化成了紫色或褐色，介于不发酵的绿茶和全发酵的红茶之间，统称为乌龙茶类。一句"结就紫云堆"为乌龙茶的本质作了注脚。

庄晚芳教授的观点为我们提供了认识乌龙茶制作技艺的不同视角，具有一定科学依据。

不过，明嘉靖晚期（约 1557）之后，建宁府茶业衰弱，武夷御茶园茶树枯败，免于进贡，民焙建茶也渐见衰退。如若乌龙茶制作技术已成熟，断无衰退之理。

当然这其间建宁几代制茶人在从团茶向散制茶的转型过程中，肯定付出了极其艰辛的努力，其贡献是不可抹杀的。

不过，嘉靖晚期建茶的衰落，不仅和乌龙茶制作技艺的不成熟有关，更和月港的兴起、海丝茶路有很大的关系。

第二节　海丝茶路

泉州，地处福建东南部，是古代"海上丝绸之路"的起点之一，因古时全城遍植刺桐树而被称为"刺桐城"，泉州港亦称作"刺桐港"。唐代，泉州已是沿海四大贸易港口之一。宋建炎二年

（1128），朝廷设置福建（泉州）提举市舶司，泉州从此发展为中国对外贸易的重要海上门户，海外贸易扩展到一百多个国家和地区。当时，安溪是泉州港对外贸易商品的生产基地之一，安溪的茶叶、瓷器、铁制品都是出口的大宗商品。《宋会要辑稿》记载："国家置市舶司于泉、广，招徕岛夷，阜通货贿，彼之所阙者，丝、瓷、茗、醴之属，皆所愿得。"其中，"泉、广"指泉州、广州，"茗、醴"指茶叶和酒。

不过，南宋时朝廷曾下令禁止建茶流向海外，颁布了"私载建茶入海者斩"的严令。这样，闽南安溪的茶就占据了出口的地理优势和国家出口政策的优势。据史料记载，宋代与安溪有贸易关系的有 58 个国家，遍及今东南亚、西亚、北非等地区。

宋元政权交替之际，当时泉州的权贵、曾为宋朝市舶司官员的阿拉伯商人后裔蒲寿庚降元，客观上使泉州免受战争创伤，一定程度上为泉州港的兴盛创造了条件。元至元十四年（1277），朝廷在泉州设置了市舶提举司，使泉州港的海外贸易进入鼎盛期，泉州港一跃成为世界大港，以"东方第一大港"之称与埃及亚历山大港齐名。

悠久的海外贸易史在泉州大地上留下了许多遗迹。信众遍布五大洲四大洋的妈祖信俗即兴起于泉州港海外贸易开始昌盛的宋

泉州天后宫

代。我国东南沿海现存最早、规模最大的一座妈祖庙——泉州天后宫，于宋庆元二年（1196）在泉州建成。传说中，妈祖是航海者的保护神。航海者不仅出港前到妈祖庙中祭拜，还会将妈祖神像请上船舶，过海登陆后再建宫立庙，供奉其中，妈祖信俗就这样随着华人的足迹遍布世界各地。

泉州市郊的九日山有许多祈风石刻，这些石刻都是宋元时期泉州海外贸易昌盛的历史见证。当时，许多外国商人每年春夏都趁东南季风，驾船到泉州进行贸易活动，秋冬时则趁西北季风驾船回国。泉州官府为迎送番商首领，就在每年外国商船扬帆之际，在九日山南麓的延福寺、昭惠庙举行"冬遣舶、夏回舶"两次祈风盛典，为即将起航的外国商船向海神祈求赐风，以使商船在海上往返顺畅，祈风仪式后再刻石留记。在当时，祈风是掌管海外贸易事务的市舶司官员的职责之一。

九日山祈风石刻

但是,元朝统治者实行的军事专制和严厉的民族歧视政策,使闽南文化不但没有与经济同步发展,反而遭到很大的摧残,经历了近百年的大灾难。

当时的泉州是全国最大的港口,也是最大最繁华的城市之一。但绝大多数财富都集中在控制海上交通贸易的色目人手中。元代到泉州来为官、经商、居住的蒙古族人、色目人,以及西方其他国家的人相当多,当时泉州城,据称有数万色目人定居,其中最著名的就是蒲寿庚家族,蒲家花园几乎占了半个泉州城。

现今泉州的棋盘街即当时蒲家后花园下棋之处。据说其下棋,乃以美女为棋子,分为两队,各着不同色衣。蒲与对弈者坐假山凉亭中,俯瞰美女,边饮边弈。其奢侈挥霍,可想而知。

这些色目人仗着政治、经济上的特权,在闽南地区大力推行其文化。印度教、摩尼教都在元代传入;伊斯兰教与天主教在唐末传入,在元代大盛。

在这种情况下,闽南文化的衰退就是必然的了。从现存的元代文物看,闽南人在这90年左右的时间里已经没有超越宋代的文化创造,能看到的都是外来文化的遗址、遗物。可见在元代,闽南文化作为社会最底层的"南人"的文化,被歧视和摧残。

元代闽南文化遇到的更大灾难是元末泉州发生的"亦思巴奚兵乱"。这场战争持续时间长达十年之久(1357—1366)。元代兵即匪,兵过之处,劫掠屠城,生灵涂炭,城街为墟。闽南,尤其泉州遭此十年兵灾,文化所受摧残,可想而知。

明代建立之初,实行了违背客观经济规律的朝贡贸易和严厉的海禁,沉重地打击了闽南的经济发展,也使闽南文化在明代逐渐被边缘化。

洪武初年,朝廷设广州、泉州、宁波三处市舶司,专管贡船,招谕诸国入贡。贡品只能送给朝廷,明廷再赐给各国中国的产品，完全由朝廷垄断对外贸易。贡使必须从广州、泉州或宁波到京城朝见皇帝。沿途货物折耗，官吏勒索，虽有赏赐，未必有多少获利。本来诸国入贡乃是利益驱使，在这种限制下，通商利益极小，不得不多带私物，暗中与民间交易。这种暗中交易被发现后，朱元璋索性实行严厉的闭关政策，撤废市舶司。人民下海通商，罪至斩首。先规定泉州只能通琉球等地的朝贡，继而下"寸板不许下海"的禁令。又派周德兴沿海兴建卫所。卫所一成，海上丝绸之路断了根。

不过闽南人那种"爱拼才会赢"的争强好胜之心，那种以海为生、永远心向海洋的世代情怀，使闽南人在有明一代上演了一场又一场与朝廷海禁以命相搏的悲壮史诗。

明成祖上台后，恢复三处市舶司，但对私商抽取很高的税收，而政府则组织兵力货物，开展对外贸易，与民争利。郑和七次下西洋就是在这一背景下产生的。

宣德年间（1426—1435）再下禁海令，而且专门针对福建，令漳州卫指挥同知石宣等严禁通番。正统年间（1436—1449）又从福建官员的奏请，重申禁令，"奸民下海，犯者必诛"。景泰年间（1450—1457），再命刑部出榜，禁止福建沿海居民通番走私。

闽南原本地少人多，很多人靠海运外贸经商为生计。朝廷实施海禁，断绝了他们的生路，社会经济也因此一蹶不振。一部分人弃商经农，致使晋江流域山林土地开垦过度，晋江淤塞，泉州港的外贸大港地位从此一落千丈。

但是，闽南人的心始终向着海洋。一部分人远走四方，广东、浙江、江西，甚至漂洋过海。还有人则铤而走险，走私、做海盗，继续以海为生。朝廷之所以一再下禁海令，就是因为屡禁不止，甚至越禁越多。所谓海匪，有很多实际上就是闽南人的海上武装走私贸易集团。

到嘉靖末年，也就是建茶茶园衰败之时，朝廷渐渐认识到：禁，海商变海匪；放，海匪变海商。隆庆元年（1567），皇帝下旨开放月港海禁，设立海关，征收贸易税，使得走私贸易合法化，月港成为当时我国最繁荣的外贸港口，闻名于世。明万历年间（1573—1620），月港发展到顶峰，盛况空前。当时月港输出货物主要有丝绸、布匹、瓷器、茶叶、砂糖、纸张、果品等。

漳州月港

月港海沧旧街

闽南安溪的茶距离月港较近，市场的需求推动了安溪茶的快速发展。不过，当时茶还不是海丝路上的主要商品。海上丝绸之路早期最大宗的商品是瓷器，宋元时期主要是闽南的青白瓷，泉州港没落后，闽南的青白瓷自然随着衰败。

月港兴起，最大宗的外销品为名震欧洲的"克拉克瓷"。

克拉克瓷其实是漳州平和窑所产的青花瓷。1513年，著名的大儒王阳明奉命从江西派兵平定平和县民乱，事后为了安定地方，挑选兵众在衙门充当杂役和管理庙宇。这些江西兵众有不少在景德镇当过窑工，会做陶瓷，开始仿制景德镇的青花瓷，这样平和县就有了自己的陶瓷业。

月港最大的外销品
"克拉克瓷"

恰好葡萄牙人在这段时期来到了中国的沿海地区，平和县因为靠近月港，开始和葡萄牙人有来往，搞起了来图加工，按洋人提供的图样烧造西洋图案的外销瓷。

这种被称为"克拉克瓷"的漳州窑青花瓷，据说运到欧洲有25倍的利润。这不能不引起欧洲人的眼红。中国的陶瓷备受欧洲国家欢迎，利润又如此之高，于是他们千方百计想学走烧瓷技术。

在多次仿制失败后，他们在明万历末年派出三位传教士到景德镇窃取瓷器烧制工艺、配料等等。之后，又几次有传教士窃取中国瓷器烧制技艺传回欧洲。

17世纪初，荷兰人取代了葡萄牙人成为海上霸主，并来到了中国，企图强迫进行海上贸易。月港自然成了他们的首要目标，他们数次攻打月港的外港厦门（时称中左所），但都被明朝军队打败。荷兰人便退而占据我国的澎湖、台湾，明朝因此也将大批的军队驻扎在厦门，各种军需推动了厦门的繁荣。

1628年郑芝龙投降了明朝并几次打败荷兰人，掌控了整个东亚的海上贸易。他的根据地设在安海，也属于厦门湾。于是他将月港的许多织户和贸易迁往安海。厦门海阔港深，又处在月港和安海中间，不少海商便迁移到厦门。月港因此便逐渐被厦门港取代。

由英国人威廉斯（S. W. Willianms）编写的《中国商务指南》一书中记载："17世纪初，厦门商人在明朝廷禁令森严之下，仍然把茶叶运往西洋各地和印度。1610年，荷兰商人在爪哇万丹首次购到由厦门商人运去的茶叶。"曾担任厦门海关通译的英国人包罗（C. A. V. Bowra），在他所著的《厦门》一书中写道："厦门乃是昔日中国第一输出茶的港口……毫无疑问地，是荷兰人从厦门得到茶叶以后，首先将茶介绍到欧洲去。"

1646 年郑芝龙降清后，郑成功来到厦门，以厦门为抗清基地，采取"通洋裕国，以商养兵"的政策，大力发展厦门的对外贸易，厦门港的海外贸易由此空前地发展起来。

但是，这一时期郑成功的军队与清朝军队在福建、广东沿海反复拉锯，清政府又实行残酷的迁界政策，福建闽南的经济遭到了极大的摧残，与西方的海上交通贸易自然也受到很大的影响，漳州窑克拉克瓷更是受到毁灭性的打击。

郑成功控制了厦门的海上贸易，茶叶贸易的地位就进一步上升。曾担任郑成功储贤馆谋士的厦门诗人阮旻锡在《安溪茶歌》中写道"西洋番舶岁来买，王钱不论凭官牙"，表明当时每年都有外国茶商到厦门采购茶叶，而茶叶价格则由郑成功设立的牙行来决定。

不过郑氏退守台湾后，特别是郑氏统治台湾的后期，由于清廷的迁界政策，沿海 20 里地荒无人烟，福建的茶叶外贸就一落千丈了。

康熙二十二年（1683）施琅收复台湾，在厦门设立福建水师提督府、海防同知府，后来又设闽海关于厦门，闽南的经济才逐步走上正轨，海上交通贸易又兴盛起来。

而在这期间欧洲瓷器烧制成功，欧洲对中国瓷器，尤其闽南瓷器的需求逐渐下降。于是，除了丝绸之外，茶叶逐渐代替瓷器，成为海上丝绸之路的主要商品。安溪的茶在明隆庆后兴起，中间经历战乱，在清统一台湾后再兴起。乌龙茶制作技艺的不断成熟与丰富，当然和茶人的艰辛努力相关，却也是大航海时代后中西贸易因缘际会，时势使然。

厦门地处福建东南沿海，毗邻安溪。因濒临太平洋，厦门凭着得天独厚的地理环境，在海上交通兴起后逐渐成为我国对外贸易的重要港口。因此，到了清代，厦门港作为海洋贸易的后起之秀，逐渐成为福建乌龙茶和安溪铁观音出口的主要集散地。

可惜好景不长，清朝雍正皇帝实行"闭关锁国"政策，乾隆二十二年（1757）清政府关闭江浙闽三海关以后，广州成为全国海路唯一的对外贸易口岸，中西贸易只许在广州十三行进行。于是闽南的茶商纷纷跑到广州，甚至成为广州十三行的首席行商，领导十三行的对外贸易。

根据 16 世纪葡萄牙人的记载，嘉靖三十四年（1555），广州商业的利益是被原籍属于广州、泉州、徽州三处的十三家商行垄断，所以十三行起源于明代。现今广州十三行博物馆展示，十三行的四大行首有三位祖籍闽南：泉州安海的伍家怡和行、同安白礁的潘家同文行、漳州绍安的叶家义成行。其中最著名的是伍家和潘家。

潘振承（1714—1788），字逊贤，号文岩，又名启，外国人称之为潘启官。潘家原籍福建漳州龙溪乡，后迁泉州同安明盛乡栖栅社（今漳州龙海白礁村），从潘振承起寄籍广州番禺。潘振承早年家贫，后习商贾，壮年自闽入粤，从事海外贸易。曾往吕宋三次，贩卖丝茶发财。后来在广东为十三行陈姓行商司事，深受信任，被委以全权。陈姓行商获利归乡，潘振承就在乾隆九年（1744）开设同文行，承充行商。据说，潘振承开设的同文行，"同"字取原籍同安之义，"文"字取家乡白礁文圃山之义，以示不忘本。他居住的地段定名为龙溪乡。今广州河南同福西路与南华西路之间，仍有龙溪首约、龙溪新街、栖栅街等地名。

乾隆二十五年（1760），潘振承联合九家行商建立对外洋行专营中西贸易，这是十三行历史的一大转折，潘振承正是在这一转折中成为十三行商的早期首领。

当时行商最主要的交易对手是英国东印度公司。英国公司主要根据行商承销毛织品的比例来确定茶叶贸易额，多销英国呢绒、羽纱者，英国公司就多买他的茶。由于毛织品盈利很少，甚至亏本，一般行商都不敢多承销。潘振承则长期承销 1/4 到一半以上的毛织品，以便在茶叶贸易方面大量成交，获取大利。为了维护良好的信用，潘振承对英国公司每年从伦敦退回的废茶，都如数赔偿。乾隆四十八年（1783）同文行退赔的废茶达到 1402 箱，价值超过一万元。

另一位著名的十三行行首是怡和行的伍家。伍家原籍泉州晋江安海乡，康熙初入籍广东南海。伍国莹曾受雇于潘振承的同文行，后自己开办元顺商行。但起起落落，相当坎坷。乾隆五十三年（1788）他侥幸渡过破产的难关，把行务交二儿子伍秉均。伍秉均于第二年开创著名的怡和行，并在短短十一年里使位居行商第六位的怡和行跃升至嘉庆五年（1800）的行商第三位。可惜天不假年，1801 年伍秉钧病逝，行务转由之后最著名的十三行行首、三弟伍秉鉴承接。伍秉鉴只用了九年就使怡和行跃居行商首位。嘉庆十八年（1813）他成为十三行行首，美国人称他为当时的世界首富。

据史家考证，在潘振承之前，雍正乾隆间的广州十三行行商首领还有一位原籍福建晋江的颜亮洲。他的先世在明代"避乱迁粤"，大约也是所谓的海上武装贸易集团首领，明朝政府抓得紧，就跑到了广东，入籍在南海。清初在广州开设泰和商行，后来成为公行首领。

所以，虽然从乾隆二十二年（1757）到鸦片战争这 80 多年间厦门港的对外贸易十分艰难，但是福建武夷、闽南的茶叶出口始终没有停止，而且越做越大。福建的茶叶种植和生产技术水平，自然也不断地提升。

1842 年，第一次鸦片战争中清政府战败，被迫与英国签订《南京条约》，条约规定中国开放广州、厦门、福州、宁波、上海五处为通商口岸，实行自由贸易。

清初闽海关厦门口衙署　　19世纪厦门郊外内河码头上繁忙的茶叶交易

　　1842年五口通商后，安溪所产茶叶便都是从厦门运销海外。据厦门口岸史料记载，清咸丰八年（1858）至同治三年（1864），英国平均每年从厦门口岸购入的乌龙茶多达1800吨，最多时曾高达3000吨，而厦门输出的茶叶主要来自毗邻的安溪。

第三节　乌龙茶（铁观音）制作技艺的诞生与发展

　　从历史名人留下的诗文和古迹看，安溪制茶最迟在唐末已出现。唐末安溪由南安管辖，当时流寓南安丰州的翰林学士、诗人韩偓《信笔》诗曰："柳密藏烟易，松长见日多。石崖采芝叟，乡俗摘茶歌。"采茶歌作为一种"乡俗"，绝非短时间之内可以形成。而始建于唐末的安溪名刹阆苑岩，历史上曾以白茶闻名，其大门两侧镌刻着一副有关茶的对联："白茶特产推无价，石笋孤峰别有天。"

　　1957年，福建省茶叶科学研究所专家在安溪县蓝田乡福鼎山首次发现野生茶树。之后，又陆续在蓝田乡企山、剑斗镇水头拔山、官桥镇犀山和西坪、福前、祥华等多地发现野生古茶树群。其中，1961年在剑斗镇水头拔山发现的最大野生古茶树，树高 6.5 米，胸径 0.58 米，树幅 3.2 米，树龄达 1200 多年，堪称"千年稀世活化石"。这些野生古茶树的发现，也是唐代安溪已产茶的实证。

至宋代，福建茶区的分布更广，产地扩大，既生产片茶也生产散茶，但以片茶为主。

而宋以来，福建的茶树种植也已普及泉州各县，从沿海丘陵到内陆山地。安溪为主要的产茶区。宋初，黄夷简（935—1011）在《山居》诗中大赞安溪茶叶"宿雨一番蔬甲嫩，春山几焙茗旗香"。根据《清水岩志》记载，该岩"鬼崆口有宋植二三株，其味尤香，其功益大，饮之，不觉两腋风生。倘遇陆羽，将以补《茶经》焉"。而位于安溪驷马山的圣泉岩，时有一俗姓裴的高僧广为植茶，并向乡人传授植茶技艺。因此史志有"茶名于清水，又名于圣泉"之记载。

安溪清水岩

宋代的安溪无论是寺庙还是民间农家都已普遍产茶了，并能对茶叶品质进行鉴别、评价、比较，其制茶、饮茶已达到一定水平。这在一定程度上得益于宋代朝廷对茶利的极其重视，茶叶作为重要的经济作物，得以迅速发展起来。同时，宋代统治者对茶的嗜好推动了贡茶制度的形成与发展，尤其以北苑贡茶为代表，宋徽宗为此还撰写了极具专业水准的茶书《大观茶论》。宋时逐渐衍生出一种新的饮茶方

宋人斗茶图

式——"斗茶"，推动了各地茶文化的普及和兴盛。另外，随着赵宋南迁，大批皇亲国戚与中原移民定居于泉州，对泉州地区社会生活带来影响，也推动了茶叶的生产发展。

乌龙茶制作技艺的出现，是对我国传统制茶工艺的一大革新，意义重大。正如前文提到的，乌龙茶的诞生，始于明末清初，始于数百年来福建民间流传的"苏良与乌龙茶"的传说，人们为了纪念苏良，便将依照他的制茶方法制成的茶叶称为"乌龙茶"。当然，民间传说不能等同于史料，但传说往往来源于劳动人民的生活和劳动实践，具有一定的参考意义。

从乌龙茶孕育诞生的历史看，茶树育苗技术的发展是其先声与基础。

明代以前有"种茶下籽，不可移植"之说，且茶籽育苗多有变异，子树与母树往往相差甚远。1636 年，安溪西坪茶农发明

了"茶树整株压条繁殖法"，使茶苗终于能够完全保留其母树的优良特性，这在茶叶种植技艺上是一次重大创新。

茶树整株压条繁殖法图解

　　其具体做法是：在小满前后，选择新梢长势旺盛、芽叶性状较好的茶树，在茶树周围挖一圈环状沟，翻松其表土，去除杂草根，将母树枝条向四周逐枝扭伤弯压固定于沟底，再把枝条上的小分枝扭伤朝上竖直紧埋土中，让新梢露出 1～3 叶。每株母树可以压条 5～20 枝，经过半年至一年的施肥管理，每个小分枝长成茶苗后，即可移植至茶园。这种茶树无性繁殖法的发明，改变了以前因采用种子繁殖导致种性退化、茶叶品质易变的状况，开创了中国茶叶科学繁殖的先河，在中国茶叶发展史上是一次科学创新，具有重要的历史意义和科学价值。

　　1925 年，安溪西坪茶农又在先前发明的"茶树整株压条繁殖法"基础上进行革新，试验发明出新的"长穗扦插繁殖法"。1936 年又发明出"短穗扦插繁殖法"，使茶苗移植的成活率成倍提高。据统计，1904 年，安溪乌龙茶产量为 1200 余吨，1990 年提高至 7000 余吨，到 2009 年更增加至 60000 余吨。

短穗扦插繁殖法

　　据史料记载，乌龙茶制作技艺诞生于 1725 年（清雍正年间）前后。据福建《安溪县志》记载："安溪人于清雍正三年首先发明乌龙茶做法，以后传入闽北和台湾。"民国《崇安县志》同样记载道："……壑源之茶名天下，实为武夷所移植乌龙产于安溪……"。壑源，宋代著名私焙贡茶产区，与北苑仅一山之隔，宋时同隶建州吉苑里所辖。北苑为朝廷督办官焙，壑源则是民间私焙，是北苑御焙上贡的附纲。壑源私焙与北苑官焙在中国茶史上有着同样辉煌的一页，南宋研究茶事的学者胡仔在《苕溪渔隐丛话》中说："惟壑源诸处私焙茶，其绝品亦可敌官焙，自昔至今，亦皆入贡。其流贩四方，悉私焙茶耳。"

一直以来流传着这样一种说法，闽南乌龙茶的制法是由闽北乌龙茶传承过来的，并在此基础上进行再创造、再升级。但事实上，翻阅史料查看福建古代先民的迁徙情况，不难发现在明末清初福建茶叶开始繁荣发展的时期，更多是安溪先民迁徙到闽北地区，引入安溪乌龙茶的制作技术，鲜有闽北先民迁徙到安溪境内的记载。由人口迁徙倒推工艺传承，应该还是比较可信的。

不过由于史料的缺失，在明嘉靖晚期建茶茶园凋零的时期，是否有建茶茶农流落到闽南的安溪，还有待考据。另外，为何有那么多安溪的茶农迁徙到武夷去开园种茶？两地的关系应该是很密切的，技术的相互交流学习也是很正常的。

清雍正年间（1723—1735），安溪茶农在乌龙茶制法的基础上，结合安溪铁观音的实际，创造出一套乌龙茶（铁观音）"半发酵"的独特制茶工艺，并根据季节、气候、鲜叶等不同情况，采用灵活的"看青做青"和"看天做青"的技术。

乌龙茶（铁观音）传统制作技艺包括采摘、初制和精制三个部分。采摘知识含采摘

铁观音茶青

期、采摘标准和采摘技术；初制工艺起初工序比较简单，纯粹属"脚揉手捻"人工操作，后来制作工序、机具逐渐完善，至民国初期已形成一套较为完整的初制工艺流程，有晒青、凉青、摇青、炒青、揉捻、初烘、包揉、复烘、复包揉、烘干十道工序；精制工艺有筛分、拣剔、拼堆、烘焙、摊凉、包装六道工序。

由茶青到颗粒

手工包揉

同时，制作优质铁观音必须具备"天、地、人"三个要素。天，指适宜的气候环境，在天气晴朗，昼夜温差较大，刮东南风时制作者最佳；地，指适应纯种铁观音茶树生长的良好土壤、地理位置和海拔高度；人，指精湛的采制技术。在整个制茶工艺中要根据季节、气候、鲜叶等不同情况灵活掌握"看青做青"和"看天做青"技术，灵活掌握各道工序中应注意的关键环节。其主要制作方法是：茶青在人为控制和调节下，先经晒青、凉青、摇青，使茶青发生一系列物理、生物、化学变化，形成奇特的"绿叶红镶边"现象，构成独特的"色、香、韵"内质，又以高温杀青制止酶的活性，而后又进行揉捻和反复多次的包揉、烘焙，形成带有天然"兰花香"和特殊"观音韵"的铁观音。安溪铁观音制作的所有工序都是手工操作，十分精细，篾质手工筛青机、木质手推揉捻机、手摇炒青锅、篾质焙茶笼等的发明与不断革新，更加有力地促进了铁观音的生产。

乌龙茶（铁观音）制作技艺的诞生并非偶然，它是在闽南地

茶农采青下山

区几百年茶史的丰厚积淀与当地得天独厚的生态环境和气候土壤滋养下，经过许多茶农和专家的反复试验才得以实现。这当中，茶人们不知走了多少弯路，吃了多少苦头，流了多少汗水，才换来这"稀世之宝"。可以说，正是一代又一代人的智慧，才造就了这宝贵的非物质文化遗产。

第四节　乌龙茶（铁观音）制作技艺的传播

自乌龙茶制作技艺问世以来，这种技术便同乌龙茶优良品种一起迅速向邻近产茶县传播，清初主要分布在西坪、虎邱、大坪、芦田、龙涓、长坑、蓝田、祥华、感德、剑斗等乡镇，到清末已传遍全县各乡镇和闽南永春、南安、长泰、漳平、漳州等县市，随后更是传播至闽北及台湾地区。

清初，安溪便有许多制茶师傅被聘请到武夷山，他们不仅在当地传授乌龙茶制作技术，更有许多人在武夷山定居下来。至今，武夷山产茶区还有许多会讲闽南话、祖籍安溪的村民。

武夷山　　　　　　安溪西坪带去武夷山的茶种所在地

　　清嘉庆年间（1796—1820），安溪西坪人林燕愈就曾北上武夷山，在天心永乐禅寺周围开辟了十八座茶山，把安溪乌龙茶制作技艺和安溪的水仙、肉桂、奇兰、梅占、佛手等优良茶种带上武夷山。

　　这一史实可从《武夷山市志》（中国统计出版社1994年版）中得到证实。据书中记载："清嘉庆初年，安溪人林燕愈流落到武夷山岩茶厂当雇工，后来购置幔陀峰、霞宾岩、宝国岩茶山茶厂，积极开荒种茶，所产岩茶运至闽南出售。"

　　林燕愈的传奇故事，在安溪作家林筱聆的《武夷岩上安溪茶》一书中也有提及，其祖上西坪雾山林氏曾是非常显赫的家族，十一世祖林燕愈曾在武夷山十八岩开过荒种过茶，并拥有茶山茶厂等众多产业，富甲一方。林燕愈生有两个儿子，分别开出幔陀东、幔陀西两个子孙世系，一留在武夷山发展，一回祖地安溪繁衍。在安溪西坪镇西源村林燕愈后人居住的房子"活水厝"里，至今保留着这样一副对联，"幔岭参天七品龙团辉宝国，陀峰插地千章雀舌灿霞宾"，同样讲述了先祖当年的传奇故事。

活水厝及对联　　　　　　族谱

　　《雾山林氏》族谱同样记载："十一世燕愈公，姓杨氏，生秉深、秉献。建造蔚美楼，坐戌向辰。开武夷山，建龙府崇安。建幔陀祖、幔陀书院。"

　　据林筱聆介绍，青年林燕愈当年外出谋生前，曾在家乡三安寨关圣帝面前求得一灵签，称外出发展必大福大贵，便辗转来到武夷山岩茶厂当茶工。后来，一次梦中为一匹白马所导引，他意外挖得几坛银子，并用这些银子买下天心岩永乐禅寺周围的幔陀峰、霞宾岩、宝国岩等几个山头，慢慢开垦成茶园，引种家乡的水仙、肉桂、奇兰等茶种，建造茶厂，精心制作武夷岩茶，在闽南、潮汕及海外销售，盛极一时。

安溪西坪三安寨

慢陀公往返武夷山、安溪时随身携带的神牌

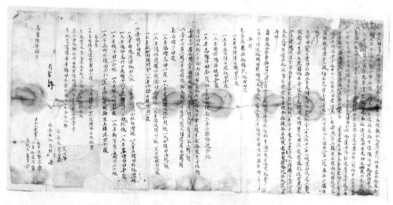

慢陀林氏家中保留的阄书

　　这份"阄书"上面清楚地记载着，200多年前，西坪雾山林氏十一世祖慢陀公北上武夷山种茶创业，在建宁府崇安县武夷山拥有慢陀峰茶厂、茶山等史实，为安溪茶文化的对外传播和慢陀公北上武夷山创业的故事提供了新的佐证。

如今，200多年过去，再到武夷山，登上幔陀峰、霞宾岩和宝国岩，幔陀公当年在武夷山上建造的茶叶初制厂虽已倾圮，仅剩断壁残垣和遗弃的米臼焙灶，但依稀之间，也可感受到当年的繁盛之景。而宝国岩的岩壁上依然清晰可见的"林"字，赫然昭示着林家的茶业在武夷岩上薪火永驻。

幔陀武夷山茶厂遗址（一）　　　　幔陀武夷山茶厂遗址（二）

今天，林燕愈的后代依然不忘初心，传承并重新创立"幔陀"品牌，延续着先祖的辉煌事业。

幔陀品牌重新创立

乌龙茶制作技艺不仅从安溪传播到武夷山及福建其他地区，更随着闽南人"过台湾"，传播到台湾地区。台湾的茶种、茶树种植采制技术都源自闽南安溪等地，许多安溪移民是台湾茶叶生产的先驱。清嘉庆三年（1798），安溪西坪人王义程在台湾将乌龙茶制作技艺加以改进，创制出台湾包种茶，并大力倡导乡民种植，又四处传授制作技术；清光绪八年（1882），安溪茶商王安定、张占魁在台湾设立"建成号"茶厂，专事研究茶叶栽培、制作技术；清光绪十一年（1885），安溪西坪人王水锦、魏静相继入台，在台北七星区南港大坑（今台北市南港区）致力于包种茶制作技术的完善，后来被聘请为讲师，教导茶农种植包种茶，使包种茶销量稳步上升；清光绪十九年（1893），安溪大坪乡张乃妙返乡探亲后，随身带了12株铁观音茶苗回到台湾，种在木栅樟湖地区，这成为台湾木栅铁观音的起源。诗人林荆南对此赋诗："茶尊木栅铁观音，枞本安溪史迹寻。"

第五节　乌龙茶（铁观音）的传播

任何产品的传播、生产技术的提高，根本原因是市场的力量、是消费者的喜爱，当然也离不开经营者智慧的开拓和宣传。

除了通过厦门港出口茶叶，清代至今，安溪茶商还纷纷到厦门开设茶行，清末民初时尤为密集。据《安溪县志》记载，1921年到1945年，"开设在厦门的茶号有泰美、泰发、尧阳、金泰、和泰、奇苑、联成、三阳、锦祥等40多家"。

奇苑正是林燕愈的后代林心博所创立的茶庄。据《武夷山市志》及《武夷茶经》（科学出版社2008年版）记载，"同治年间，林燕愈的后代林心博在泉州创立'林奇苑'茶庄，专营武夷岩茶。清末在厦门设立茶栈，将武夷岩茶运至我国香港、澳门地区，及新加坡、马来西亚、泰国、缅甸销售。"民国初年，又在云霄县设立茶栈，运茶至漳浦、诏安、东山等地，其主营的"三印水仙"远销东南亚，在闽南一带享有盛誉。鼎盛时期，"林奇苑"茶庄开出的茶票曾一度作为银票，在我国闽南，及东南亚一带商铺间流通。

1983 年 3 月，漳州市《文史资料选辑》第五辑刊登的《漳州茶叶的历史概况》一文称："在漳州经营'夷茶'（指武夷茶）的老茶庄——奇苑和瑞苑两个茶庄都创业于清嘉庆末至道光初。他们在经营'夷茶'中独出心裁，以奇制胜。奇苑茶庄年销售茶叶数十万斤，占漳州全市茶叶的一半以上。"

当年奇苑茶庄的注册商标

包装

包装样式

当年林奇苑茶庄的茶叶出口和销售量从《武夷文史资料》的第十辑中也可得到部分佐证。书中记载道，"1920 年—1930 年（林奇苑茶庄）处全盛时期，每年从武夷山运出武夷岩茶和中低档乌龙茶 3000 多箱（约 1000 担），这一时期，林奇苑在厦门、漳州、云霄三处营业额每年达 30 万元，漳州批发和零售占 70％"。

到清末民初，中国沦为半殖民地半封建社会。随着军阀混战和日本的侵华战争，社会动荡、苛捐杂税，民不聊生。尤其1938 年由于日寇侵占厦门口岸，导致茶叶外销停滞，大片茶园荒芜、茶厂倒闭，茶叶生产遭到严重破坏。

当年流传这样一首民谣，"金枝玉叶何足惜，茶叶不如菜豆叶；茶叶上市没人叫，砍下茶树当柴烧"，深刻地反映了当时民生凋敝的景况。安溪茶叶年产量从清光绪三十年（1904）的1250 吨，一度下降到 1949 年的 419.6 吨。

风雨飘摇之际，闯荡东南亚的安溪人却纷纷开办茶厂，销售安溪乌龙茶，鼎力支持家乡的茶业，使安溪乌龙茶在东南亚华侨中影响不断扩大。因此，乌龙茶也被形象地称为"侨销茶"。

据统计，在 1920 年至 1948 年间，安溪人在东南亚各国及我国澳门、香港、台湾地区开办的茶行、茶店、茶庄达 100 多家，其中著名的有新加坡的"林金泰""源崇美""高铭发""林和泰"，马来西亚的"三阳"茶行、"梅记"茶行、"兴记"茶行，印度尼西亚的"王梅记"茶行、"王金彩"茶行，泰国的"义和发"茶行、"三九"茶行、"集友"茶行、"炳记"茶行，越南的"冬记"茶行、"锦芳"茶行、"泰山"茶行。我国澳门地区的"王芳春"茶行，我国香港地区的"尧阳"茶行、"福记"茶行、"谦记"茶行、"泉芳"茶行，我国台湾地区的"张协兴"茶行、"王瑞珍"茶行、"宝记"茶行、王有记茶业公司、正达茶业公司、祥兴茶业公司、"龙泉"茶庄、"峰圃"茶庄，也广为人知。

安溪铁观音被海外喜好饮茶的人们视为奇货，往往当作"镇店之宝"。据统计，这一时期，安溪茶叶每年销往新加坡 800 余吨，马来西亚 200 余吨，泰国 160 余吨，菲律宾 100 余吨。

在闽南，茶在方言中被念作"Tay"，最早购买福建茶的荷兰人便根据厦门发音，将茶译成荷兰语"thee"，其他欧洲国家均仿效之：英语称茶为"tea"，法语为"thé"，德语为"Tee"，丹麦、瑞典为"te"，都是"Tay"的转音。中国茶叶对英国影响最大，英国著名的下午茶习俗，就源于中国茶叶的不断输入。

英国对厦门垂涎已久，最早可追溯到清康熙九年（1670）。这年的 6 月 23 日，一艘名叫"万丹·宾克号"的尖尾船，在单桅小船"珍珠号"的陪伴下，来到厦门。《华夷变态》一书也保留了大量关于英国商船在中国沿海活动的记载："康熙二十三年五月二十日，英船一艘，估计货值约银额五百贯余，进入厦门港，据说为打开商卖之道而来。"

后来，英国源源不断地从厦门港进口茶叶。在英国，茶叶代替咖啡成为英国人最重要的饮品，他们和厦门人一样，醒来就想喝茶，而且不只饮，还品。茶道文化深入到英国各阶层中。

而事实上，在英国第一艘船来到厦门之前，中国茶叶已经进入英国上层社会了，由葡萄牙公主凯瑟琳作为嫁妆从故国带到英国。在她的嫁妆里，有 21 磅中国茶叶和 100 多套中国茶具。自凯瑟琳成为英国皇后的那天起，人们在宫廷宴会上，经常看到她手中的杯子摇晃着一种琥珀色饮料。1663 年，凯瑟琳 25 岁生日，也是她结婚周年纪念日上，英国诗人埃德蒙·沃尔特作了一首赞美诗《饮茶皇后之歌》献给她。"花神宠秋色，嫦娥矜月桂。月桂与秋色，美难与茶比。一为后中英，一为群芳最。物阜称东土，携来感勇士……"最有意思的是后面两句："助我清明思，湛然志烦累。欣逢后筵辰，祝寿介以此。"此诗说明，当时的英国人也和中国人一样讲究以茶解忧，以茶养生。当然，以茶会友也渐渐成为英国上流社会的文化了。

英国人对中国茶叶的热衷，使英国商人很早就开始千方百计地来厦门购买茶叶，比如通过向西班牙人高利贷贷款以获取西班牙旗的保护。当时，清政府不准西方船只到厦门贸易，但是对吕宋的西班牙船只例外，因为西班牙船只带有大量的墨西哥银圆，而当时中国国内正急需白银，故西班牙船只得以受到优惠待遇，可较自由地进出厦门做买卖。

五口通商后，开埠令厦门的出口贸易与世界接轨，自19世纪90年代开始，茶叶成为厦门出口的最重要的商品。当时，运抵厦门的茶叶有工夫茶、花香白毫、珠兰茶和乌龙茶四种，其中乌龙茶占比最大，主要产自安溪、宁洋、建宁、龙岩等地。四地茶叶一般都通过河运运抵厦门，行程属安溪最短，需四天行程，其他都得六七天。

美国茶文化盛行，也是英国人的遗风流韵。美国的前身是英属北美殖民地，英国殖民统治北美长达一个多世纪（1607年至1775年），这100多年间也是英国受中国茶影响而掀起茶文化潮流的关键时期。英属东印度公司常年向北美倾销中国茶叶，并把中国茶文化带到了北美大陆。中国茶叶甚至影响了北美历史，比如大家耳熟能详的"波士顿倾茶事件"。

为反抗英属东印度公司的盘剥，北美人民把来自中国厦门的342箱价值18000英镑的台湾茶叶倒入港口内，从而引爆了美国独立战争。但中国茶文化在北美并没有因战火毁灭，而是更为红火。喝茶成为人与人之间往来交流的方式，甚至是荣耀。有一个流传甚广的故事是美国女子南茜在她的日记中提到的，在1783年12月的一个下午，她非常荣幸地同华盛顿将军一起喝茶。

乌龙茶在安溪有铁观音、毛蟹、本山、梅占、佛手、黄金桂等几十个品种，但最广为人知的，还是铁观音。日本是乌龙茶最大的输入国，输入的茶叶以铁观音为主。在多数日本人眼里，铁观音就是乌龙茶的同义词。1979年，日本青春偶像组合"绯红少女"声称"喝乌龙茶帮我减肥",于是日本迅速刮起乌龙茶热,年进口量由原来的 2 吨猛然升至 280 吨;至 1981 年,突破 1000 吨;至 1996 年,突破 1 万吨;至 2009 年,突破 2 万吨。

俄罗斯是世界第一大茶叶消费国和进口国,年人均饮茶超过 1.3 千克,进口茶叶中红茶占绝大部分。安溪铁观音的到来改变了俄罗斯人茶叶消费的格局。在圣彼得堡等大都市,安溪茶叶连锁店迅速扩张,形成茶叶一条街,越来越多的俄罗斯客商、市民痴迷于铁观音那比红茶更浓郁的香气。2007 年 3 月的俄罗斯"中国国家展",安溪铁观音展区挤满了大批俄罗斯市民,他们不仅迷恋展出的茶叶,对安溪茶艺表演、安溪历史文化也表现出浓厚的兴趣。

安溪铁观音在海内外名声大振还得益于一次又一次在茶叶拍卖中的卓绝表现。1993 年,500 克安溪铁观音在泉州拍卖到 1 万元;1995 年,500 克安溪铁观音在安溪西坪镇拍卖到 5.8 万元;1996 年,500 克安溪铁观音在广州拍卖到 17 万元;1998 年,100 克安溪铁观音在上海拍卖到 4 万元;1999 年,100 克安溪铁观音在北京拍卖到 7 万元;同年,100 克安溪铁观音在香港拍卖到 11 万元港币。

一拨又一拨的闽南人就这样拓出了一条条茶路,将安溪铁观音带到天南地北,同时也造福于子孙后代。

海洋的开放和冒险滋养着一代又一代闽南茶商,他们往往能于绝境中焕发出顽强的生命力,背井离乡却总能白手起家。他们虽是中国传统社会中最寻常不过的当家男人,所求不过养家糊口,却在不经意间创造了历史。他们大多没有留下画像、照片或者任何文字记载,但正是这一广大而沉默的群体,开创了安溪茶叶贸易的历史。

安溪文庙有一幅《邑民垦荒图》,记录了安溪人的祖先挥锄开荒的情景。大多数安溪人的祖先是古代从中原地区南迁而来，为了躲避当地土著的排斥和土匪的骚扰，他们避居深山，开荒造田，顽强地生存了下来，才有了今天的安溪。安溪人的祖先籍籍无名，但他们的热血奔涌于一代代安溪人的

安溪文庙

血管之中；他们顽强的生命力，仍在子孙后代身上焕发着勃勃生机。这一种生命的大美也是中华民族千百年来屹立不倒、生生不息的原因所在。

第三章　根基为本——铁观音种植与茶园管理

第一节　铁观音的种植

铁观音生性娇贵，对地理位置、气候、土壤、环境等条件要求较高。

一、茶园选址

首先要选好茶山的生态、土壤、海拔和方位。茶园应选择在光照通风条件好、海拔 300～1200 米的山头，坡度在 15°～25°之间，茶园朝向以西向、北向为佳。在这样的海拔高度之间，云雾缭绕，光照条件好，温度和湿度适宜，山高雾多，漫射光多，有利于茶树生长和优良品种的形成。

安溪茶山

铁观音叶片

　　铁观音茶园的朝向以坐东看西为最佳。该方向通风，早上的露水停留在茶树叶片上的时间久，下午阳光的日照时间长，生长在这种环境条件下的茶树的叶片油嫩亮滑，茶青香气较高，光合作用产生的兰花香和观音韵最强；若是朝东南、东北方向种植的茶树，太阳早晒，露水早干，光合作用比西南、西北方向少，茶叶容易带有黑点，青味偏高，香气偏弱，茶青比较粗硬，制作出来的茶叶品质比较低。

二、　土壤条件

　　种植铁观音的地需要富含有机质和多种适宜茶树生长的微量元素，土壤应为适宜生长松柏、蕨类的偏酸性土，尤以含有风化石的红壤土、黄壤土（俗称石骨底）为宜。土壤含水量应保持在 20％～30％之间，团粒结构要好。土壤深度要求达 1 米以上，土壤 pH 值以 4.5～6.0 最为适宜。

红壤土

三、　气候环境

　　铁观音茶树是喜温耐湿怕浸的树种，安溪茶区温度能符合其生长要求，且当地相对湿度在 60％～85％之间，光照条件好，年日照时数在 1600 个小时以上。

安溪茶山

四、 茶园开垦

铁观音茶园应选择山头有树、山腰有林带、水源充足、排涝配套好、道路便捷的环境。茶园的坡度一般不超过 25°，海拔高度一般在 300 米以上。以山地种植茶树为好，不提倡大田种茶。

茶园开垦

至于茶园的开垦，首先要做好山、水、园、林、路的统一规划，划出适宜种茶的地块。安排好路和水沟后，按等高阶梯层要求开垦，表土草皮回沟，结合沟底施基肥，心土盖面。茶园内侧尽量安排设置竹节沟，使各梯层"前有埂、后有沟"，以减少土壤流失，也体现横沟蓄水，斜沟、纵沟排水的特点。

坡度5°以上的山地应建造成等高梯田茶园，5°以下的顺势建造。一般梯层宽度应达1.5米以上，种植两行茶树的梯层宽度应达2.7～3米；梯层高度不超过2米；茶园梯埂应高于梯层20厘米。

梯田茶园

五、 压条育苗

茶园选好后，就需要选取纯正的铁观音品种进行种植。

种植准备：挖种植沟，沟深、宽各50厘米左右；然后在沟底施入有机肥，每亩2～3吨，磷肥50千克，再覆土20厘米。

种植时间一般选在正月的立春至春分期间，或者农历十月逢春（即小雪至冬至前）。种植时机的选择也很重要，一般是雨前或雨后、土壤湿润时，以及南风天气时。这时的气候相对温和，有利于茶苗根部的生长。种植前开沟，要注意沟底施基肥、农家肥，增加有机质。

铁观音茶苗   挖种植沟

　　要选择品种纯正、苗壮根多的茶苗进行栽种。具体栽种方法就好比我们种地瓜，每株距离 50～60 厘米。一定要下足底肥，可以分为三层下肥，这样，茶树的根才是直向的，有利于它充分吸收地下的营养。茶龄越长，吸收得越多。

铁观音茶树

第二节　茶园的管理

一株茶苗的生长往往要历经三年的时间。三年后，茶苗高约50厘米时就可以开始修剪和第一次采摘。一年四季，一般只采两季，夏暑茶可养茶树。

茶园的管理，包括耕作、修剪、施肥、防治虫害和覆盖等。

一、　耕作

茶园耕作分为深耕和浅耕两种。深耕一般在冬天进行，耕作深度在30厘米左右，耕作时结合增施有机肥或铺草、覆盖、填土等。幼龄茶树头两三年一般不深耕，以免茶苗因为根部松动或缺少水分而死亡。浅耕一般在每季茶叶采摘后进行，一年2～4次，耕作深度在10～15厘米左右。耕作结合追肥进行，并清除杂草，这有助于促进茶树根系再生、吸收肥料和水分，助力茶树生长。

茶园耕作

二、　修剪

修剪分为定型修剪、轻修剪、深修剪、重修剪和台割。在茶树种植过程中，这些修剪是反复使用或交替使用的。幼年期茶树通常以定型修剪为主，后期配合轻修剪，使树冠达到定型标准；

成年期茶树以轻修剪为主，交替使用深修剪，以维持树冠上部分枝条的强壮；衰老期茶树采用重修剪或台割，辅以定型修剪和轻修剪，达到重塑树冠的目的。

总之，对待不同品种、不同树龄和不同树姿的茶树应采用不同的修剪方法，各类修剪均可在秋茶采制后进行。

三、　施肥

施肥是茶树栽培管理中最关键、最有效的措施之一，铁观音茶树一经采摘，必然损失部分营养体，而营养体须靠吸收养分，并伴随着光合作用而形成，因此需不断给植株施肥，以补充养分。根据茶树不同时期养分的需要来施用不同种类的有机肥料，一般分为基肥和追肥。

铁观音幼龄茶树成活后即可施肥，但由于幼树对肥料的需求量不大，要掌握薄肥勤施的原则，才能促使新梢快速生长。在新梢萌芽前 20 天施入有机肥，一年追肥 3～4 次。

基肥的施用应在茶树的树冠停止生长后进行，一般在秋冬季茶园耕锄后着手，每年或隔年施一次，施肥时间大约在 10 月底至 11 月上旬。基肥以农家有机肥为主，农家有机肥可选用经充分发酵的粪肥、厩肥、沤肥、绿肥、饼肥、堆肥和经过无害化处理的肥料等，在深耕或中耕时埋入土中。

四、　防治病虫害

防治病虫害，以"预防为主，综合防治"为原则。铁观音幼树主要病虫害有赤叶斑病、茶轮斑病、根腐病、小绿叶蝉、卷叶蛾、茶螨等，应及早防治，及时施治。而成年铁观音茶树防治病虫害，首先要加强病虫测报，掌握病虫发生规律及其危害特点，才能掌握最佳的防治时期，达到事半功倍的效果；其次是通过选育良种、科学施肥、合理锄耕、冬季清园等措施加以防治；最后，也可采用生物防治（即保护天敌，利用茶园内的瓢虫、捕食螨、草蛉、蜘蛛、寄生蜂等，以及微生物治虫等方法）、物理防治（即采用人工捕杀和诱杀方法），从而有效防止病虫害，生产出优质健康的茶叶。

五、覆盖

在头三年定时进行除草、松土。三年后农历七月开土，这样有利于阳光照射，使茶树根部更发达。农历十月合土，有助于茶树的保暖，合土前以挖坑或挖沟的方式下有机肥料。

茶园土壤覆盖的目的在于涵养水源，减少水分蒸发，调节土壤温度，增加土壤有机质，减少虫害，抑制杂草生长，以及防止水土流失。土壤覆盖可分为生物覆盖和人工覆盖，其中以人工覆盖的综合效果最好，也是铁观音茶区传统的高效栽培技术之一。

人工覆盖

人工覆盖可选用作物秸秆或杂草（容易腐烂的草类）覆盖茶园，可以一年铺一次或两次，可在春茶采收结束、浅耕施肥后铺草；也可在暑茶采收结束后把春夏之交铺盖的草埋于土里，施肥后再次铺草。铺草厚度为10～20厘米，均匀铺放在行间和茶树基部，这是促进茶树生长的有效措施之一。

生物覆盖不进行任何方法的中耕锄草，而是有计划地选择两三种适应性强、长得不太高大、吸肥力弱、产草多的草种搭配种植，使茶园土地全面长草。在它们的生长期内，应适时供给必要的养分、适时地收割数次，把草铺盖在行间和茶树根部，或将收割的草做成堆肥、厩肥。

第四章 匠心独运——铁观音传统制作技艺

铁观音传统制作技艺，大体由采摘、初制和精制工艺三大部分组成。

第一节 采摘工艺

一、 采摘期

安溪茶区气候温和，雨量充沛，茶树生长期长。铁观音采摘期全年可分为春夏暑秋四个季节；低山丘陵茶区除外，直到11月份还采摘冬片。具体采摘期因气候海拔施肥等条件不同而有差异。一般春茶在谷雨前后，夏茶在夏至前后，暑茶在立秋前后，秋茶在寒露前后。各季茶的间隔期为40～45天。

云雾缭绕的茶山

一般采制节气表

季别	春茶	夏茶	暑茶	秋茶	冬茶（冬片）
节气	谷雨前后	夏至前后	立秋前后	寒露前后	霜降至立冬

铁观音以秋茶之味为最香，春茶则水最佳，故有"春水秋香"一说。铁观音春茶之所以好在水，是因为茶叶历经冬天的涵养，内蕴丰富，茶汤喝起来更加醇厚柔滑；而铁观音秋茶胜在香气高，茶香馥郁，有兰花般的香气，一饮未尽已是满心芬芳。夏、暑茶则品质较次。

从茶树上及时采摘下来的嫩梢芽叶，称为"鲜叶"。采摘铁观音应在露水干后方可开始进行。上午 11 点前采摘的鲜叶称为"早青"，由于早青水分含量较多，又经过夜间的呼吸作用，消耗了大量的碳水化合物、氨基酸，制成的茶叶内含物含量相对较少，故成品茶品质稍低；11 点—15 点采摘的鲜叶称为"午青"，这一时段的茶树光合作用活跃，茶叶中氨基酸含量较多，水分含量相对较少，故成品茶品质最好；而 15 点以后所采的鲜叶称为"晚青"，这时的鲜叶虽光合作用的产物较多，但多因未能达到经阳光晒青的要求，因此成品茶质量会稍次于午青。

采摘鲜叶

铁观音嫩叶采摘

二、 采摘标准

铁观音茶的采制技术特别，不像绿茶、红茶、白茶采摘非常幼嫩的芽叶，而是采摘成熟新梢的 2～3 叶，俗称"开面采"，指在叶片已全部展开、形成驻芽时采摘。若采摘偏嫩，则香气低，滋味苦涩；若采摘偏老，则成茶外形粗松，色泽枯燥，且香气低短，滋味淡薄，品质较差。

采摘的铁观音鲜叶

鲜叶采摘以新梢伸展程度的不同，可分为小开面、中开面和大开面。小开面为驻芽梢顶部第一叶的面积相当于第二叶的 1/2；中开面为驻芽梢顶部第一叶的面积相当于第二叶的 2/3；大开面为顶叶的面积与第二叶的相似。

在嫩梢形成驻芽、顶叶刚开展为中开面时，采下 2～3 叶，尤其适用于铁观音春、秋茶的鲜叶采摘；夏、暑茶可适当嫩采，采用"小开面"；茶叶茂盛，持嫩性强，则可采摘一芽 3～4 叶。

鲜叶采摘时一般按"标准、及时、分批、留叶采"的原则，同时要做到"五不"，即不折断叶片、不折叠叶张、不碰碎叶尖、不带单片、不带鱼叶和老梗，才能获得制作铁观音的优良原料。正如茶农们常说的"采好是宝，采坏是草"，"读书读五经，采茶采三芯"。采好的鲜叶在运回做青的途中，还应避免风吹日晒、挤压损伤。生长地带不同的茶树鲜叶要分开，特别是早青、午青、晚青要严格分开制作，通常午青的品质最优。

三、采摘技术

（一）手工采摘

为保持新梢芽叶的完整性和新鲜度，安溪茶农在长期生产实践中创造出"虎口对芯"手工采摘法。采摘时，拇指和食指张开，从芽梢顶端中心往下插，捏住新梢后，稍稍扭折，顺势上提，将嫩梢芽叶采

手工采摘

下，采下的鲜叶一半握在手中，一半露在手外，避免芽叶受热。手工采摘法的优点明显，它可以做到"三不带"（不带梗蒂、不带鱼叶、不带单叶），"五分开"（不同树龄茶青分开、早午晚青分开、粗叶嫩叶分开、干湿鲜叶分开、不同地片茶青分开），有效地避免机械采摘中出现的单叶和伤叶现象。

（二）机械采摘

随着市场经济的不断发展，农村大批劳动力转向城市，出现了采茶劳动力的严重缺乏，为此一些产区采用剪刀或专门的采茶刀机剪采茶梢。用采茶刀机剪虽然比人工采摘效率高，但缺点是鲜叶破碎率高，芽叶长短不齐等，成茶品质会受一定影响，一般不提倡。

（三）定高平面采摘法

根据茶树生长情况，确定一定高度的采摘面，把纵面上的芽梢全部采摘，纵面下的芽梢全部留养，形成较深厚的营养生长层，以充分利用光能，提高萌芽率，使芽头生长平衡，促进增产提质。芽梢生长旺盛的茶树，分两次采摘，第一次按标准采一芽

三四叶，第二次"二节"另制。下一季采摘则在此采摘面的基础上适当提高。

　　采摘回的鲜叶保管也至关重要。茶区在鲜叶采摘后，应及时收青，置于阴凉干净处，

铁观音一芽三四叶

防止风吹日晒、叶温升高，保持新鲜度。

第二节　初制工艺

　　初制工艺，是安溪铁观音制作技艺最重要、最核心的部分，主要分为"三大阶段、十大工序"。其中，三大阶段包括做青、炒青和揉烘，细化为十大工艺流程，包含晒青、凉青、摇青、炒青、揉捻、初烘、包揉、复烘、复包揉、烘干等十道工序。

　　晒青、凉青、摇青工序，合称做青阶段，是铁观音初制工艺的第一阶段，也是其色、香、味形成的关键阶段。晒青中，利用阳光或者热风，促进鲜叶水分部分散失，使鲜叶发生化学变化。摇青、凉青是铁观音特征形成的关键阶段，"凉"是静的过程，鲜叶摊放在筊篱中挥发水分，鲜叶柔软，叶色转黄绿色；"摇"是动的过程，鲜叶在摇青筒中摩擦运动，茶叶青草气味挥发。铁观音做青讲究"看青做青"，只有充分把握其中动与静的动态结合和转化，才能产生铁观音最佳的音韵风味。第二阶段为炒青。炒青则起着承上启下的作用，在高温炒制下，鲜叶青气蒸发，叶质柔软、富有黏性，发出清香。到了揉烘阶段，也是铁观音成茶的最后成形阶段，在揉与烘的反复进行中，使茶叶香气敛藏，滋

味醇厚，色泽乌亮，并通过最终烘干，去掉多余水分，使茶叶便于贮藏。可见，三个阶段对于铁观音的制作至关重要。

一、晒青

（一）晒青的作用

这道工序利用热能使茶青适度失水，增强酶的活性，使茶青内含物发生变化，并适当破坏叶绿素，使茶青散发青气味，为之后各工序创造良好条件和物质基础。

（二）晒青的方法

日光晒青的时间一般在下午 4—5 时，把茶青放在笳篱里，每笳篱摊叶量 0.7～1.5 千克。其间翻拌 1～2 次，失水率控制在 5％～12％，历时 10～20 分钟。

（三）晒青应适度

一般应掌握：①叶面失去光泽，叶色变为暗绿，发出微微香气；②叶质萎软，手持嫩梗向下垂直时，第一、二叶略下垂，嫩梗弯而不断，稍有弹性感。

晒青（一）　　　　　　　　　　晒青（二）

二、凉青

（一）凉青的作用

凉青主要是为了散发叶间热气，促进叶内水分重新分布平衡，继续蒸发部分水分。

（二）凉青的方法

把整篱晒青叶移入凉青间的凉青架上，茶青两笳篱拼成一笳篱，或三笳篱拼成两笳篱，稍加摇动"做手"，使茶青呈蓬松状态。失水率控制在 0.5％～1％，历时 40～60 分钟。

凉青

三、 摇青

（一）摇青的作用

摇青又称筛青，是铁观音制作的关键工艺。其作用是使茶青在外力的作用下，擦破叶缘部分细胞组织，溢出茶汁与空气接触，引起多酚类化合物局部酶促氧化，形成"绿叶红镶边"的奇特现象；同时

摇青

使叶子内含物质成分进一步分解、转化、缩合，形成铁观音独特的色、香、味。

（二）摇青的方法

一般在下午 6 时左右进行摇青。用茶筛（即竹篾制成的筛子，直径 1.2 米，筛面中间系一根横木档，档上拴绳系于梁上，使整个筛子悬吊在空中）操作，每茶筛装叶量 2.5～3 千克。操作时，双手各握一边筛沿作前后往返兼上下簸动，使叶子在茶筛里呈波浪式翻滚，产生筛面与叶子、叶子与叶子之间的摩擦、碰撞。这样的"筛动"和"静凉"相互交替，反复进行，使叶子不断出现"退青"和"还阳"现象。摇青需掌握循序渐进"四条原则"，即摇青历时由少渐多，凉青时间由短渐长，摊叶厚度由薄渐厚，发酵程度由轻到宜。

（三）摇青应适度

一般摇青 4～5 次，历时 10～12 小时，叶色呈现梗蒂青绿，叶脉透明，叶肉淡绿，叶缘珠红，即青蒂、绿腹、红镶边。

四、炒青

（一）炒青的作用

铁观音内质"色、香、味"在做青阶段已基本形成，炒青是转折工序，具有承上启下的作用。"承上"是利用高温迅速破坏叶内酶的活性，制止多酚类化合物的继续酶促氧化，巩固已形成的品质；"启

炒青

下"则是继续蒸发部分水分和青气味，使叶质柔软，为揉、烘塑造外形创造条件。

（二）炒青的方法

一般在翌日 5—6 时下鼎炒青。用木柴把鼎烧热，当鼎温升至 230～250℃ 时，立即把叶子倒入鼎中，用木扒手不断翻炒。投叶量 2～3 千克，历时 8～10 分钟。

（三）炒青应适度

叶色由青绿色变为黄绿色，叶张皱卷，叶质柔软，顶叶下垂，手捏有黏性，失水率控制在 16%～22%。

五、 揉捻

（一）揉捻的作用

炒青叶在揉捻压力的作用下，叶细胞部分组织破裂，茶汁被挤出，凝于叶表，叶片也初步被揉卷成条。这不仅增强了叶子的黏结性和可塑性，而且为烘焙、塑形打好了基础。

（二）揉捻的方法

把茶叶倒入木质手推揉捻机的揉桶里，投叶量每桶 3～5 千克，转速为每分钟 40～50 转，历时 3～4 分钟，其间要翻拌一次。操作应掌握"趁热、适量、快速、短时"的原则，防止焖黄劣变。

揉捻

六、初烘

（一）初烘的作用

在热能的作用下，茶条中残余的酶的活性被进一步破坏，茶条中的部分水分也被蒸发，茶汁浓缩，凝固于茶条表面。该工序还使茶条可塑性增强，便于包揉成型。

初烘

（二）初烘的方法

把茶叶放在焙笼里，用炭火烘焙，一般投叶量 1.5～2 千克，温度掌握在 90～100℃，历时 10～15 分钟。其间翻拌 2～3 次，烘至六成干、茶条不粘手时下烘。

七、初包揉

（一）初包揉的作用

包揉是安溪铁观音的独特工序，是塑造外形的重要手段，它运用"揉、搓、压、抓"等技术，进一步揉破叶细胞组织，揉出茶汁，使茶条形成紧结、卷曲、圆实的外形。

（二）初包揉的方法

用白细布巾包揉，布巾规格 70 厘米×70 厘米。将茶坯趁热放入布巾里，每包叶量 0.5 千克左右，把茶团放在木板椅上，一手抓住布巾包口，另一手紧压茶团向前向后滚动推揉。揉时用力先轻后重，使茶坯在布巾里翻动。轻揉 1 分钟后，解开布巾，使茶团散开，然后用布巾包好茶叶，再重揉 2～3 分钟。初包揉一般历时 3～4 分钟，使茶坯卷曲、紧结。初包揉后，应解去布巾，将茶团散开，以免焖热发黄。

初包揉

八、复烘

（一）复烘的作用

复烘俗称"游焙"，主要是蒸发茶叶的部分水分，并快速提升叶温，以改善茶叶理化可塑性，为复包揉创造条件。

（二）复烘的方法

复烘应"快速、适温"，温度掌握在 80～

复烘

85℃，投叶量每焙笼 1～1.5 千克，历时 10～15 分钟。其间翻拌 2～3 次，烘至茶条约七成干、有刺手感时下烘。

九、 复包揉

（一）复包揉的作用

复包揉可以进一步塑造茶叶外形。

（二）复包揉的方法

复烘后的茶坯要趁热复包揉，一直揉至外形紧结、圆实，呈"蜻蜓头""海蛎干"形。复包揉后，

复包揉

要扎紧布巾口，搁置一段时间，把已塑成的外形固定下来。

十、 烘干

（一）烘干的作用

烘干可以进一步蒸发茶叶中多余的水分，使茶叶干燥，便于贮藏。同时茶叶在热能的作用下，内含物产生热化学变化，茶叶的香气和滋味会得到增强。

（二）烘干的方法

把茶叶放在焙笼

烘干

里，用炭火进行"低温慢焙"。该工序分两次进行。第一次称"走水焙"，温度70～75℃，每焙笼放3～4个压扁的茶团，烘至茶团自然松开、约八九成干时下烘。让茶叶散热摊凉1小时左右，使茶叶内部水分散发。第二次称"烤焙"，温度60～70℃，投放量2～2.5千克，历时1～2小时。其间翻拌2～3次，烘至茶梗手折断脆、气味清纯，即可下烘，稍经摊凉后趁热装进大缸

里，即为毛茶，可以泡饮。

第三节　精制工艺

虽然铁观音毛茶可以直接冲泡饮用，但由于毛茶受产地品种、季节气候、茶叶粗嫩、初制技术等自然和人为因素的影响，加上毛茶里含有一定的茶梗、黄片、粉末和其他夹杂物等，直接影响到茶叶的整体美观和品质，不符合商品茶所规定的质量要求，且不耐储藏，因此必须进行精制加工，使之标准化、规格化、商品化，档次分明，以适应市场的需求。

安溪铁观音精制工艺流程主要为初评归堆、筛分、风选、拣剔、拼堆、烘焙、摊凉、匀堆、包装等多道工序。

一、初评归堆

初评归堆是将铁观音毛茶按产地、外形、季节、品质特征等进行初评、归类、分级，以区分品质档次，使之与成品茶规格要求相对应。毛茶的水分若超过 $8\%\sim9\%$，须经复火使水分达标。根据茶叶各等级的质量要求，对号入座，将各号茶按比例拼堆，每堆数量可多可少，依实际情况而定。

初评归堆（一）

初评归堆（二）

二、筛分

筛分是将经过初评后归堆的铁观音毛茶放在茶筛中进行选

择、区分。茶筛以筛孔大小分为一、二、三号三种规格，一号筛孔 0.5 厘米×0.5 厘米，二号筛孔 0.3 厘米×0.3 厘米，三号筛孔 0.2 厘米×0.2 厘米。先用三号筛筛出茶末，然后用二号筛、一号筛把茶梗、黄片、茶粉分离并分别归堆，分出几号茶，使各号茶外形相近似，符合精茶的规格要求。

筛选茶末　　　　　　　　　　　手工筛选

三、 风选

风选是通过风力选别机的风力作用，分离出每一号茶的轻重，剔除次杂，使成品茶中不含黄片、梗皮和"砂头茶"。一般是下段茶轻，上段茶重；低级茶轻，高级茶重，也可以手工筛选。

四、 拣剔

拣剔是把毛茶放在簸箕或专门的茶盘上，手工拣清茶中的梗、片、杂物，对特级以上铁观音还应剔除叶柄（俗称叶蒂）。通过拣剔，保证成品茶外观上均匀纯净。

五、 拼堆

根据小样拼配比例的要求，将各筛号茶按比例拼堆，以达到品牌茶的最佳口味。各堆数量 500 千克左右，其数量亦可依据实际情况增减。

手工挑拣茶梗（一）

手工挑拣茶梗（二）

六、 烘焙

烘焙

烘焙，又称复火，是浓香型铁观音精制加工过程中的关键工序。毛茶在贮藏、运输、筛分、拣剔过程中，易吸收空气中的水分，使外形变松。只有经过适度烘焙，散发多余的水分，才能消除杂味，增强香气，增浓茶汤，提高品质。烘焙的关键是选茶，烘焙前要了解茶叶的性质、结构，才能确定烘焙的火候和时间。烘焙期间，每半小时还要再取出一些茶叶来泡，以了解茶叶的烘焙程度，这样边喝边焙，直到焙好为止。

传统的方法是把茶叶放在焙笼里，用炭火进行"低温慢焙"，以保持香高、味醇、耐泡的品质。现在大多采用烘干机烘焙。烘焙的温度要根据不同等级、销售地区的不同要求，采用不同的火功。高档铁观音宜低温烘焙，采用轻火候，一般控制在 100～130℃ 之间，烘焙 60～90 分钟，再降至 100℃ 焙 2～3 个小时，然后升到 115℃ 焙 15 分钟，以免火温过高、烘焙时间过长造成香气大量散失，力求保持自然花香。低档或稍低档的则可以用较高温度烘焙，温度 110～130℃，火候宜稍足，烘焙 80～100 分钟，以改善青涩味道，使茶叶产生"火香味"。同时注意，切忌高猛火温，以免造成"火巴味"。所谓"茶为君，火为臣"，只有恰到好处地掌握火候，才能达到火功助香、改善滋味的效果。

七、摊凉

烘焙后的茶叶温度达 60～80℃，为了固定茶叶烘后的火功，防止因闷堆而出现高火味状况，保证产品质量，提高茶叶精制率，应及时、快速地散发茶叶内的热气，降低温度。摊凉方式：可以把烘焙后的茶叶薄摊在清洁干净的摊凉间的地板或笟篱上，让其散热自然冷却，冷却后的茶叶含水率保持在 4%～5% 的范围内。

八、匀堆

将前后烘焙冷却后的各号茶叶按品质档次要求，充分拼和，先经过小样拼配，按小样比例配成大堆，拌匀，以确保同批茶叶的品质和火候均匀一致。

九、包装

茶叶摊凉匀堆后，为防止受潮和混杂，应及时

木箱包装

将各号茶叶分别进行装箱、过磅、入账、进仓。包装进仓是铁观音精加工的最后一道工序。包装分为大包装（运输包装）和小包装（礼品包装）两种。大包装都采用箱装，主要用于大批量茶叶的贮藏和运输，包装上应标明茶叶类别、等级、生产日期、批号、毛重、净重、产地、厂名等信息。

环保纸包装

早期的大包装用的是木板箱，箱外套一层篾壳；现代采用胶合板箱和瓦楞纸板箱。小包装主要是为适应不同层次消费者的需求，除保质外，还注重装潢美观，包装上应标明品名、质量等级、净重、批号、生产日期、保存日期、产品标准代号、商标、厂名、厂址，以及贮藏和冲泡方法。小包装是用四方形的毛边纸包装，每包 250 克、500 克等。

现代的小包装款式多样，装潢新颖，日新月异，琳琅满目，种类有纸盒、竹盒、胶合板纸盒、硬塑料盒、锡罐、铁罐、瓷罐、铝塑复合袋等；款式有圆形、菱形、四方形、长方形、六角形等；装茶量有 7 克、10 克、50 克、100 克、125 克、250 克不等。由于采用铝塑复

铝袋包装

合装和真空包装技术，清香型铁观音还可放置于冷柜里保鲜。

小礼盒包装

铁罐包装

第五章 闽南与茶——无茶不成礼

第一节 闽南功夫茶

　　饮茶是闽南人极为普遍的生活习惯，许多闽南人早晨起来第一件事就是烹水泡茶。闽南人将饮茶叫作泡茶，程序非常讲究，所费的时间功夫胜于喝茶，所以也被称为"闽南功夫茶"。茶也是闽南人待客的基本礼节，当客人到访，主人必拿出家里上好的茶叶来招待。"有空来喝茶"更是闽南人日常见面的问候语。

以茶待客

功夫茶茶具

　　功夫茶，自清初起在闽南地区开始广泛流行，同时盛行于广东潮汕和台湾地区。最初的功夫茶，据《清朝野史大观》卷一二《清代述异》记载："中国讲究烹茶，以闽之汀、漳、泉三府，粤之潮州府功夫茶为最。其器具亦精绝。用长方瓷盘，盛壶一、杯四。壶以铜制，或用宜兴壶，小裁如拳，杯小如胡桃……"

　　传统的功夫茶，至少需要十余种茶具，包括茶壶、茶杯、茶洗、茶盘、茶垫、水瓶、水钵、龙缸、砂跳、羽扇、钢筷、红泥小火炉等，洋洋大观，令人眼花缭乱。其泡饮程序："先取凉水漂去茶叶中尘滓，乃撮茶叶置壶中，注满沸水。既加盖，乃取沸水徐淋壶上，俟水将满壶，乃以巾覆。久之始取巾，注茶杯中奉客。"

　　闽南人喜欢喝乌龙茶。他们认为花茶的香，只是闻着香，非茶叶由内而外之香；闽西客家人的山茶，则嫌其"寒"，易伤脾胃，且由于山茶在制作上未过二遍火，茶色较淡，清汤寡水，招待客人时不好看，因此也不流行。最负盛名的是安溪的乌龙茶，闽台的茶行，过去无不标榜自己为正宗安溪茶行。闽南乌龙茶，以铁观音为上品，其次为黄旦。铁观音如青橄榄，初入口略有苦涩，入喉后渐渐回甘，韵味无穷。黄旦则举杯即有淡淡的幽香，入口香醇，只是回味略差一些。闽南人崇尚为人处世讲究永远长久，选铁观音为上品，而不选黄旦，更不选花茶，可见一斑。当然，除了铁观音之外，同属乌龙茶的武夷岩茶也备受闽南人喜爱。

　　典型的闽南功夫茶，以品用铁观音为主。两者可谓相得益彰。功夫茶的细腻，使铁观音的兰花香、观音韵充分显露；而铁观音的"七泡有余香"，使功夫茶之细腻手法得以充分展现。

　　在闽南，无论经济条件如何，每家每户必有一套洁净的茶具、几泡待客的好茶，且人人泡得一手好茶，一丝不苟、从容不迫。同传统的功夫茶法相比，今日盛行于闽南、闽北、潮汕及台湾地区的功夫茶泡法已略有差异。闽南人泡铁观音的茶具更加注重精巧、配套，一般有八件：炉、水壶、白瓷盖碗、茶杯、茶夹、茶海、茶滤和茶盘，也称"茶房八宝"。

安溪铁观音茶艺表演由此产生，被誉为"中国一

白瓷盖碗

铁观音茶艺展示

绝"，有13道、16道、18道等几种泡法，下面以13道泡法的茶艺表演流程为例。

（1）神入茶境：沏茶前清水净手、端正仪容、平心静气，进入茶境。

（2）茶具展示。

（3）烹煮泉水：用纯净的山泉水注入壶中，烹煮至三沸。

（4）沐霖瓯杯：也称"热壶烫杯"，先洗盖瓯，再洗茶杯。

（5）观音入宫：右手端平茶斗，左手拿起茶匙，把茶装入瓯里。

（6）悬壶高冲：拿起水壶，对准瓯杯，先低后高，

沐霖瓯杯

冲入瓯杯的水保持均匀而有力度，茶体随着水流方向旋转而充分舒展。

（7）春风拂面：左手提起瓯盖，轻轻地在瓯面上绕一圈，把浮在瓯面上的泡沫刮起，右手提起水壶将瓯盖冲净。

（8）瓯里酝香：茶叶下瓯冲泡，待一至两分钟释放香韵，方能斟茶。

（9）三龙护鼎：斟茶时，把右手的拇指、中指夹住瓯杯的边沿，食指按住瓯盖的顶端，提起盖瓯，将茶水倒出。

（10）行云流水：提起盖瓯，循托盘边沿轻绕一圈，让附在瓯底的水滴落，防止瓯外的水滴入杯中。

（11）观音出海：也称"关公巡城"，把茶水依次巡回均匀地斟入各茶杯里，斟茶时应低行。

（12）点水留香：又称"韩信点兵"，斟茶斟到最后瓯底最浓部分，要均匀地一点一滴滴到各茶杯里，达到浓淡均匀、香醇一致的效果。

（13）敬奉香茗：主人端茶请客，彬彬有礼，敬宾品茗。

闽南人喝茶，也讲究一定的礼仪。主人给客人斟茶时，客人往往会用右手的中指和食指三叩茶桌。据说这个习俗跟乾隆皇帝有关：相传，一次乾隆微服出访时，给随行大臣斟茶，该大臣诚

惶诚恐，忙用两指三叩茶桌，以表示两脚跪地三叩头。如今，这成了客人对主人表示敬重和谢意的一种独特方式。

第二节　闽南茶俗及相关信俗

土地公神像

闽南人的崇信属于泛神崇拜，神祇庞杂纷繁，而以观音菩萨和土地公最为普遍。各种敬奉神明的活动和仪式中都离不开茶，人们还会将敬过神明的茶泡来分给全家人喝，因为在闽南人眼中，茶为"清净圣洁"之物，他们都相信，神明喝过的茶，人喝了就能保平安得健康。

每月的农历初一和十五，闽南民间一直有向佛祖、观音菩萨、地方神灵敬奉清茶的传统习俗。是日清晨，主人要赶个大早，在太阳未上山、晨露犹存之际，净手后焚香明烛，泡上三杯浓香醇厚的铁观音等上好茶水，在神位前敬奉，表示虔诚之心，求佛祖和神灵保佑家人出入平安，家业兴旺，赀财进益，吉祥平安。虔诚者则日日如此，经年不辍。在铁观音发源地松林头，乡民每年五月十五日都举行答谢观音菩萨的活动，家家户户备办熟牲、酒礼、香烛、礼炮、金帛等，请来法师隆重礼佛叩谢，同时祈盼当年铁观音茶有好的收成。

在闽南有一个流传久远的习俗，种茶的人必敬土地公，做茶叶生意的则必敬关公，茶农家里都有土地公神位，茶叶店里都有关公香案。茶农、茶商每天早起或者开店的第一件事，就是给土地公、关公上香奉茶。在每个月农历初二、十六摆茶设果敬土地公，而茶季前后敬奉之物尤为丰盛。

除了普遍敬奉土地公、观音菩萨外，闽南各地茶乡也有自己崇祀的茶神。

安溪感德是生产铁观音的重镇。相传，宋末元初，江西弋阳谢枋得不愿为官，潜居在感德左槐（槐植）教书，竭力倡导垦荒植茶。在他的引领下，当地的茶叶生产迅速发展，村民安居乐业。为了感恩和纪念谢枋得，村民们建了一座宫庙祭祀他，尊其为"茶神"、"茶王公"和境主。明成化五年

以茶敬奉土地公

（1469），更集资兴建了茶王公祠奉祀谢枋得，其信众颇多，常年香火不息。1958 年该祠遭毁，2010 年启动建设茶王公民俗文化园，2013 年新的茶王公祠落成，茶王公信俗世代相袭至今。

在闽南，茶也是风俗。

古人多以茶为聘礼，下聘称"下茶"，女方家受聘称"受茶"，聘金则称为"茶银"。婚宴上，新娘要逐席向宾客敬茶，宾客则要回应以几句吉利话，

中国茶叶重镇——安溪感德

俗称"念四句"；新娘还要一一向男方的亲人请茶，跟着新郎称呼爸爸妈妈及亲戚长辈们，表示从此正式加入这个家庭。

在闽南最隆重的祀日——大年初九的"天公生"，要敬香茶；祭祀祖宗时也要敬茶。清末著名诗人林鹤年在《福雅堂诗钞》中记载："先观察性嗜茶，云初泡过浓，二泡味淡而香始出，特嘱弟侄于扫墓祭辰朔望时，作茶供，一如生时。"

扫墓祭祖

以茶为媒，向天地、先祖表达自己的敬畏和感恩。

闽南人还把茶作为一种精神的寄托和追求。元、清两朝，闽南许多知识分子对统治者采取不合作态度；而有明一代，因明王朝的海禁政策使闽南经济从元朝的鼎盛走向没落，也引发很多知识分子的不满。加上自五代后，闽南佛教盛行，因此，走向空门和超尘隐世的思想在闽南一直非常盛行。闽南民间流传千年的古乐南曲中流溢的那种"幽雅清和"的韵味，可以说正是闽南知识分子十分向往的一种境界。但是出家和完全的隐世，又是多数人难以做到的，他们不得不在世俗中追逐盘桓。这样，偷闲半日，取山间之清泉、摘山崖之茶叶，到梵音古刹或幽深的静室，邀三两知己烹水泡茶、品茗唱曲，便成为闽南人超尘隐世的一种精神寄托。此时，在他们眼里，茶的滋味倒不重要，重要的是茶给他们带来的从琐碎生活中暂时解脱的舒适和安宁。因此，闽南人将酷嗜泡茶、又有一定品位的人称为"茶仙"，也是不无道理的。

闽南人赋予茶的内涵，是非常丰厚和深邃的，茶对于闽南人有着非常浓烈的文化含蕴。

第六章　岁月传承——实现创造性转化与创新性发展

第一节　当代的保护与传承

一、 对乌龙茶 （铁观音） 制作技艺的保护

2007 年 3 月，"安溪乌龙茶（铁观音）制作技艺"正式列入"泉州市首批市级非物质文化遗产名录"；2007 年 8 月被列入"泉州市第二批省级非物质文化遗产名录"；2008 年 8 月被列入"泉州市第二批国家级非物质文化遗产名录"，正式成为国家级非遗保护项目，

非遗传承人证书

并设立该项目的非遗传承人。目前已有国家级非遗传承人魏月德、王文礼；省级非遗传承人王福隆、魏双全、陈双算；市级非遗传承人陈秀玩、杨松伟、魏贵林、肖文华、魏劝良、陈两固、陈清元、汪健仁、杨三海、林水田、林茂安、王志宏等。

1990 年，由安溪县茶叶相关部门编写的《乌龙茶标准综合

体系》，由福建省标准计量局发布，作为福建省的地方标准。标准中明确制定了安溪铁观音制作技艺标准，随后被确定为国家标准执行。2004 年 7 月，"安溪铁观音"获得国家原产地域地理标志产品保护，并作为中国唯一代表参加"全球地理标志保护研讨会"，成为全国唯一一个茶类的中国驰名商标。这是对安溪铁观音制作技艺最有利、最有效的保护。

据 2016 年安溪县政府工作报告审议通过的《安溪县国民经济和社会发展第十三个五年规划纲要（草案）》指出，未来五年将致力现代茶业，推动"二次腾飞"，具体做好以下几方面工作。

1. 夯实基础。持续推进茶园基础管理"五项工作"，建设高标准生态茶园 1.2 万亩（1 亩＝666.67 平方米）；支持建设有机食品、绿色食品茶叶生产基地 2 万亩；改良茶园土壤 1 万亩；治理茶园坡耕地水土流失 1.5 万亩；建设莆永高速两侧茶山

慢陀茶业示范基地

林带 40 公里，茶园补植套种林木 5000 亩；退茶还耕、还林 3500亩；支持 10 家合作社建设茶叶初制集中加工厂房；帮助 10 家企业建设或完善质量安全可追溯体系；推广"两留""两禁"，转变群众茶园管理理念；提倡重摇重发酵，引导制茶工艺向传统回归、向国家标准回归；大力推广"公司＋合作社＋农户"生产经营模式，引导茶园承包经营权向企业、合作社、制茶大户、家庭农场流转。

2. 擦亮品牌。强化安溪铁观音地理标志证明商标使用、管理、保护，构筑质量安全"防火墙"；探索地理标志证明商标和

安溪铁观音地理标志证明商标

地理标志保护产品"两标合一"。放大安溪铁观音区域品牌价值效应，持续加大"上央视、进销区"等高端营销、精准营销力度，办好中国茶都安溪国际茶业博览会、"安溪铁观音·美丽中国行"等重大茶事活动。引导抱团发展，打造茶商发展同盟、营销共同体，在主销区建设一批安溪铁观音品牌专卖场；推动安溪铁观音茶文化系统申报"全球重要农业文化遗产"；制作外文版铁观音文化公共宣传品；加大对东北、西北、华北、西南市场的开拓力度。

3. 创新理念。倡导"两条腿"走路，大力发展工业茶、大众茶，支持企业建设智能化、自动化生产线，降低生产成本；打造"大师茶""庄园茶""定制茶""名山名茶"等个性茶品。加大陈香型铁观音推广力度，撬动"老铁"市场。加快安溪中林所茶业交易中心建设，制定出台茶园质量等级评价标准，推动茶业标准化、资本化和现代化步伐。引导本山、毛蟹、黄金桂、肉桂、梅占、金观音等色种茶发展，丰富产品线。与安溪茶学院深入开展校地合作，探索现代学徒制，加快茶业实用人才培育。

4. 丰富业态。大力发展茶叶精深加工，加大茶叶保健功能及生活应用等领域的技术开发；培育茶配套专业市场；扶持茶文化创意产业发展；推动茶机械向数控化、智能化发展；茶旅结合，构建"茶庄园＋"旅游模式，打造"印象铁观音""茶博汇茶文旅体验中心""茶香人家"等一批茶文化旅游精品项目，推动茶产业与旅游产业的互动共荣。

铁观音作为安溪发展的支柱产业，保护好安溪铁观音传统制作技艺是保持安溪茶叶韵味、茶叶品牌、茶叶特色的关键。保护好这一传统技艺，并加以传承，也是历史赋予当代人的责任。

二、 传承方式

（一）家族传承

从对安溪铁观音主产区如感德、祥华、西坪等地的制茶能手进行调查的结果显示，家传是早期安溪铁观音传统技艺传承的主要方式。家传的做法为父教子学艺，父艺子承，即父辈把自己的制茶手艺手把手地传授给子孙后代。为了减少同行的竞争，他们把掌握的制茶秘诀教给自己的子女，特别是那些制作过程中的关键技术要领。由于女子多上山采茶和做家务活，加上制茶是重体力活，因而一般只教给儿子或女婿。在这一传承模式下成长起来的一代茶师，将安溪铁观音传统制作技艺发扬光大。以乌龙茶（铁观音）传统制作技艺泉州市级传承人林水田的家族传承谱系为例：

代别	姓名	性别	出生时间	文化程度	传承方式	学艺时间	居住地址	备注
第一代	林燕愈	男	1723 年	私塾	家族传承	少年时期	安溪	幔陀茶厂
第二代	林秉深	男	1743 年	私塾	家族传承	少年时期	安溪	幔陀茶厂
第三代	林侯桀	男	1770 年	私塾	家族传承	少年时期	安溪	幔陀茶厂

（续表）

代别	姓名	性别	出生时间	文化程度	传承方式	学艺时间	居住地址	备注
第四代	林加啓	男	1808 年	私塾	家族传承	少年时期	安溪	幔陀茶厂
第五代	林爾雅	男	1827 年	私塾	家族传承	少年时期	安溪	幔陀茶厂
第六代	林有秋	男	1848 年	私塾	家族传承	少年时期	安溪	幔陀峰苑
第七代	林新魁	男	1877 年	私塾	家族传承	少年时期	安溪	幔陀峰苑
第八代	林挹注	男	1905 年	私塾	家族传承	少年时期	安溪	幔陀峰苑
第九代	林集塔	男	1941 年	初中	家族传承	少年时期	安溪	幔陀峰苑
第十代	林水田	男	1971 年	高中	家族传承	少年时期	安溪	幔陀茶叶专业合作社
第十一代	林子杰	男	1995 年	大学	家族传承	少年时期	安溪	幔陀茶业有限公司

（二）师徒传承

师传就是徒弟拜师学艺、师傅带徒弟，师艺徒承，即师傅将自己的手艺教给前来求教的徒弟。拜师一般要送拜师礼，并举行拜师仪式，求学的人才能正式成为师傅的徒弟，开始追随师傅学习手艺。师传是安溪茶传统制作技术的另一个重要传承方式，乡野间也许没有像读书人那样烦琐的拜师仪式，师徒之间也不拘泥于所谓的称呼，但无论是先生还是学徒，他们相互之间的那份从心底深处发出的诚心实意，朴实无华。

据地方志记载，明代安溪植茶已基本传遍全县的大小乡村。茶农茶师不一定都是同族关系。因此，便存在着邻里、邻村、邻乡甚至远距离的相互学习与借鉴，在不断实践中掌握种茶、制茶技艺，不断创新，并加以传承。尤其在明清时期，大批安溪人到我国台湾地区以及东南亚谋生时，其中许多不懂种茶、制茶的人都虚心拜师学艺，学成后凭借拥有安溪乌龙茶传统制作

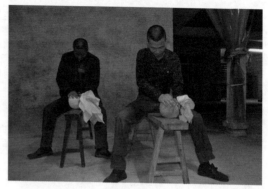

带徒制茶

技艺的本领，在外闯荡。清至民国初期，大量安溪茶工季节性地前往台湾，在推动台湾茶业提升的同时，也将传统的制茶技艺传播到了台湾。

经过几百年的传承，根据采摘时间、地理位置、气候条件、区域等自然状况的不同，安溪铁观音乌龙茶的主要产区祥华、感德、西坪、龙涓、剑斗等，虽在香型、口味、外观等方面有所不同，但都采用了传统的半发酵制作技艺，一脉相承。

（三）学校教育

随着安溪茶产业的兴起，职业教育随之而起，为安溪铁观音的发展培养了一大批急需的专业技术人才。现主要有如下培养茶业专业技术人才的学校。

1. 安溪华侨职业中专学校

简称安溪华侨职校，旧称安溪中华职校，成立于 1987 年，位于安溪县后垵开发区。该校注重安溪铁观音茶产业，开设茶艺特色专业，设置有茶艺表演、茶叶品牌策划与营销、茶叶生产与加工等专业。课程设置以安溪铁观音传承为重心，设有茶艺表演室、茶叶评审室，并与企业联合办学，培养特色茶叶人才。所培

养的毕业生知识丰富，技能扎实，大多毕业生已在各地茶叶公司、茶艺馆担任重要的职位，为展示独特的茶艺艺术、宣传弘扬安溪茶文化，发挥着重要的作用。此外，该校作为国家职业技能鉴定站，还定期开展评茶员、评茶师、茶艺师职业资格鉴定和茶叶加工等短期培训。

2. 安溪茶业职业技术学校暨安溪技术学校

原名安溪职业中专学校，其前身为 1969 年创办的虎邱中学，位于安溪县虎邱镇。该校以茶叶检验检疫、茶艺等省级重点示范专业为重心，是全国唯一的铁观音乌龙茶人才培养基地、福建省评茶师和茶艺师高技能人才培训考核基地，同时也是安溪县茶叶培训、茶文化传播教育基地。该校充分发挥基地优势，大力开展涉茶实用技术培训，培养茶业及茶文化专业人才，成为安溪展示与传播茶文化的一个重要"窗口"。

3. 安溪茶学院

安溪茶学院是福建农林大学与安溪县"校地"合作创办的特色学院，系福建农林大学下属二级学院，在本科一批次面向全国招生。自 2012 年创办以来，学院按照办成福建省乃至全国公办民助办学典型的目标，坚持高起点、有特色、国际化的理念，依托福建农林大学雄厚的教育资源和科研实力，挖掘学院所在地域优势，引入社会资源，积极探索学校与地方政府共同主导、引领茶产业链转型升级、优势茶企联合培育人才的培养模式，完善以"创业学院"为形式的产教融合、校企合作人才培养计划，着力建成具有农林特色的"创业学院"。

该校以茶产业链为主线，本科专业设有茶学、旅游管理、工商管理、会计学、管理科学、商务经济等六个专业，硕士研究生专业设有技术经济及管理、农业信息化、生态规划与管理，博士研究生专业设有生态规划与管理。

安溪茶学院

学院创办以来，得到了社会的普遍认可。先后获批"福建省高校人文社会科学研究基地——茶产业发展研究中心"及"福建省茶产业技术开发基地"两个省级创新平台和"泉州市人才高地"，并与安溪县共建"国家茶叶质量安全工程技术研究中心"，同时也是福建省茶文化研究会的依托单位。

4. 短期培训

"十一五"以来，安溪县委、县政府坚持以科技兴茶为己任，深入开展短期茶叶技术培训推广服务，组织实施"茶业万人培训工程"。一方面在各乡镇和主要产茶村举办由广大茶农、加工企业、茶叶营销人员和茶店经营者为主要培训对象的各种茶叶技术培训班，授课内容包括茶树栽培、茶叶初加工、茶叶精加工、茶叶营销、茶文化宣传五大内容 30 个项目；另一方面邀请国内外专家学者前来授课，提高全县茶业骨干的自身素质，拓宽广大茶业从业者的知识面。每年参加培训的人数都在 2 万人次以上。

"茶业万人培训工程"为安溪茶业的发展培养了大批急需的人才。

第二节　创新性发展

2017 年 1 月 25 日，中共中央办公厅、国务院办公厅印发了《关于实施中华优秀传统文化传承发展工程的意见》，意见指出，"坚持创造性转化、创新性发展"（以下简称"两创方针"），是传承发展中华优秀传统文化的重要方针；2017 年 3 月 12 日，国务院办公厅转发了文化部、工信部、财政部制定的《中国传统工艺振兴计划》，这些论述和文件为当前非物质文化遗产保护工作进一步指明了方向。

而坚持"两创方针"，关键是把握、处理好传承和创新的关系。

联合国教科文组织在关于世界文化多样性和非物质文化遗产保护的多个文件中，始终十分注意文化传承与文化创新、发展之间的关系。在 2003 年 10 月通过的《保护非物质文化遗产公约》第二条，在严格定义非物质文化遗产的概念之后，即提出："各个群体和团体随着其所处环境、与自然界的相互关系和历史条件的变化，不断使这种代代相传的非物质文化遗产得到创新，同时使他们自己具有一种认同感和历史感，从而促进了文化多样性和人类的创造力。"这段话突出强调了面对自然、社会环境的变化，人类只有通过创新以适应新的环境，这才是证明自己创造力和实现文化多样性的必然道路。

文化从传承来，没有传承，我们的文化便成了无源之水、无根之木；但传承并不是终结，我们的文化是活态的文化、流动的文化，上承千古，下接万世，这样的文化才能源远流长、永不衰竭。

创新是文化的本质特征。一部人类文化史，实际上就是一部文化创新史，谈保护不能不谈创新。保护是为了传承，创新也是另一种意义的传承，发展性的传承。当然，非物质文化遗产的保护与传承是第一位的，是基础。所谓创新，是在传统基础上的创新，是传统的现代发展；背离了传统，创新是一句空话。二者都是非物质文化遗产保护的题中之意，也是其发展的双翼。

一、 安溪铁观音发展现状

安溪铁观音传统制作技艺是安溪茶农、茶师长期实践的经验总结和智慧结晶，它在为世人提供一种健康饮品的同时，创造了许多物质的和非物质的财富，产生了良好的经济效益和社会效益，为安溪茶文化的大发展和大繁荣注入了生机和活力，在当地社会经济生活中占有难以替代的重要地位。然而，市场机遇和市场挑战总是并存的，也是变幻莫测的。随着社会的变革，经济的发展，制茶机械及电子技术的出现，贪图安逸、拜金主义、浮躁心理等，时常困扰着许多茶业从业者，再加上外来文化思潮的影响，安溪铁观音传统制作技艺不时地受到各种各样的冲击，有的已在不知不觉中消失，有的已到了濒危的地步。

历年来，安溪县政府都十分重视安溪铁观音的保护与发展，但面对竞争激烈的市场环境，安溪铁观音在发展壮大的过程中仍然面临许多问题。

首先，安溪茶企业规模普遍较小，产业化水平较低。改革开放后，茶叶生产

安溪茶都批发市场（一）

由原来的集体经营变为一家一户小规模经营，这样有利有弊。安

溪茶企业虽然在当地遍地开花，但是大部分属于各自为政的小企业，企业难以做大，很多"内安溪"茶农自产自销，自己加工了茶叶后挑到县城的茶叶市场上卖，还停留在低层次的生产经营状态中。规模普遍比较小、实力弱，这样也使先进的技术难以推广，机械化水平低，多数茶企业属于劳动密集型企业，生产效率低。

安溪茶都批发市场（二）

其次，安溪茶企业知名品牌少，影响力也相对较小。品牌是企业强大的武器。安溪有众多的茶叶品牌，但这些品牌大部分缺乏知名度，而有些品牌在省内小有名气，却缺乏全国性的知名度和影响力，在品牌推广力度方面明显不足。很多企业满足于传统的批发或零售方式，认为培育品牌得投入很多成本，因此对打造知名品牌兴趣不大，甚至很多茶叶企业没有自己的品牌。

最后，"绿色壁垒"大大遏制了茶叶出口。茶饮料具有很多碳酸饮料所没有的独特功能，欧美人也在慢慢地接受中国的茶饮料，甚至有人预言21世纪是茶饮料的世纪，因此安溪茶叶的国际市场大有前途。但是，由于很多茶商过于急功近利，过分追求短期效益，导致农药残留超标问题，影响恶劣。面对发达国家筑起的"绿色壁垒"，安溪不少茶叶企业只能望而却步。

同世界上几个茶叶主产国相比，安溪铁观音虽然拥有得天独厚的自然优势，但是仍存在生产技术相对落后以及产业组织相对低级的状况，这些都是影响安溪茶产业保持持续竞争优势的致命缺陷。那么，如何在切实保护传统技艺的基础上，依靠技术创新，实现安溪茶产业的可持续发展，无疑是一个值得政府、茶商、茶农共同思考的问题，也要求安溪铁观音茶产业不断进行转型升级和创新创造。

二、 铁观音内部创新

目前，安溪铁观音内部创新已取得部分成效。近年来，通过政府与民间的共同努力，主要通过民间"斗茶"、铁观音"茶王赛"等各类赛事的举办推动实现内部创新。

安溪茶王赛可上溯至明清，是宋元民间斗茶传统风俗的文化遗存。每逢新茶登场之时，茶农们便会挑选自制的上好茶叶，自带炭火、茶器和山泉水，兴致勃勃地

茶王赛评审现场（一）

聚集到一起。现场生火煮水冲泡，十几个、数十个排成一行，进行斗形、斗色、斗香、斗味，由茶师轮流品鉴所有参赛者泡制的香茗，评出高低，场面十分热闹。茶农个个是行家，通过一次次斗茶，相互泡饮、交流切磋，有助于提高制茶行业的水平，也增添了生活情趣。源自民间自发的斗茶逐渐成为茶乡的习俗，有的家族或乡村甚至组织相互评比。到后来，民间斗茶逐步演化成茶叶优质赛和茶王赛。

茶王赛评审现场（二）

茶王赛形式多样，规模大小不一，有民间赛，也有官方赛，还有境外主销区举办的各种茶评赛。每逢茶王赛之际，制茶高手和经营厂家选送茶样参赛，茶赛主办方聘请著名茶师作为主评。经过品鉴角逐，当场评出本季、本地区及各个品种的"茶王"，为获奖者颁发奖牌和奖金，给予鼓励，有的还

茶王赛颁奖仪式

民间斗茶

敲锣打鼓把"茶王"迎送回家。选为"茶王"被制茶人视作一种

无上的荣耀。如今铁观音茶王赛已经成为安溪最为精彩的茶俗。

随着近年来安溪茶叶小包装应用及贮存技术的发展，如今在安溪乃至整个闽南斗茶成风。工作之余，每人怀揣几包茶叶（一般每包7克），一起斗茶论道，其乐融融。这股斗茶之风，已开始在福建的其他地方，乃至广东、上海等地流行起来。

此外，2017年安溪县政府推动举办"首届安溪铁观音大师赛"，百万重奖茶叶大师，同样有助于安溪铁观音的内部创新。通过比赛和重奖获胜的制茶大师，有助于传承传统技艺，带动更多人特别是年轻一代学习钻研种茶、制茶技艺，提高技艺水平，有助于挖掘和培养更多制茶人才，持续提升安溪铁观音品质，推动安溪茶叶品质更上一层楼。

首届安溪铁观音大师赛

可见，安溪各类茶叶赛事的举行，具有明显的积极作用。

一是全面展示了安溪县铁观音乌龙茶茶文化的风采，大大地提高了安溪的知名度。

二是促进安溪茶农认真钻研茶园管理技术、制茶技术和茶叶评审技术，推动全民制茶技术水平的提高，让广大消费者喝上更香、更醇、更好的铁观音茶。

三是有效地改变茶农的小农意识和狭窄的观念，提高市场经济价值观，使广大茶农敢于走出家门，搞活茶叶流通经营，促进铁观音茶叶销售市场的不断扩大。

四是弘扬敢于创新的时代精神。安溪茶农为适应内销市场大多数消费者的需要，研创了铁观音茶低温轻发酵工艺，引领新的品饮风尚，使市场销售和效益大幅上升。

五是带动安溪旅游业和整个茶产业链的发展，以茶联谊、以茶促销取得丰硕成果。

三、　国内外创新思路借鉴

（一）努力打造安溪茶文化特色，增强自主品牌竞争力

与其他农产品不同，茶叶不仅是有着很高科技含量的作物，还是一种文化含量很高的商品。饮茶对于人类来说，不仅仅是解渴生津的一种生理需要，而且还能满足人体健康的基本需求，同时饮茶又是一种文雅的文化艺术行为。所以很多产茶大省在建设自己的茶叶品牌时，都在弘扬和挖掘茶文化上做足了功课，其中做得好并获得巨大成功的非云南普洱茶莫属，2006 年它在中国市场上的销售甚至达到了疯狂的程度。1975 年一桶老普洱茶7000 元，平均每片 1000 元，而到了 2006 年，仅一片就要7000 元。

普洱茶之所以热卖，除了因为它的功效，其实更重要的是因为相关从业人员善于抓住时机，找准切入点，从而全面提升了普洱茶的品牌价值。普洱茶逐步升温之际，在普洱茶的主要产地思茅市（现普洱市），自 1993 年起已连续举办了七届茶叶节（两年一届）。为了更好地宣传普洱茶，2006 年 4 月底举办的第七届茶

叶节，更是组织了由 120 匹骡马组成的大马帮，驮着近六吨优质普洱茶由思茅启程奔赴北京。马帮沿着山乡小道，历经五个月，穿越云南、四川、山西、陕西、河北到达北京，再现了当年普洱茶"瑞贡天朝"的情景。马帮进京让普洱茶迅速在北京走红，拉动了整个产业。把普洱茶的品牌定位确立为"普洱茶，可以喝的古董"，这样普洱茶已经不是一般的茶产品了，它越储藏越好喝，具有了收藏价值，所以近几年来创造了许多"价格神话"。

可见茶文化和品牌的建设，对茶叶产业的发展起到了至关重要的作用。安溪产茶历史悠久，并且有着得天独厚的环境地域优势和丰富的茶文化资源，非常值得我们去开发、研究。

（二）全面打造安溪原产地形象，改造升级"中国茶都"

安溪作为铁观音的原产地，原产地形象的打造是相当重要的。安溪县政府和茶企眼光应放长远，明确安溪茶要做的是全国乃至国际市场，因此任何一个安溪茶企最大的竞争对手其实不是本县的其他茶企，而是非安溪的茶品牌。因此，安溪应致力于提高安溪的整体形象，将安溪茶都做大做强。

安溪茶都（一）

安溪在 2000 年就建成了"中国茶都"。但在安溪，人们所指的茶都却只是个茶叶批发市场。这其实是当地的认识误区、概念误区。茶都不应该仅仅是个市场，而应该把整个安溪县城当作茶都、茶城来建设，致力于塑造以茶为主题的城市特质。比如，县城应该规划出一片城区建设成富有茶文化特色、古色古香的茶城，或全面改造升级现有的茶叶市

安溪茶都（二）

场；很多街道在命名上应有安溪茶特色；茶文化、茶道课程应进入中小学课堂；茶文化节应该定期化、影响应逐渐扩大，让茶文化与安溪县城的整体规划建设融为一体、交相辉映。相信安溪原产地形象的全面打造和中国茶都的改造升级也能为当地的旅游、交通等行业带来巨大的发展机遇。

（三）聚焦国际市场，借鉴国际发展经验

中国无疑是世界上最早生产茶叶的国家，曾经称霸于世界茶叶市场。然而当前，放眼世界，英国立顿红茶、斯里兰卡的"锡兰红茶"早已后来者居上。

锡兰红茶，与中国安徽的祁门红茶、印度的阿萨姆红茶及大吉岭红茶并称世界四大红茶，被称为"献给世界的礼物"，同时也被认为是"最干净的茶"，获得了世界上第一个"ISO 茶叶技术奖"。

斯里兰卡将锡兰红茶产业做到了极致，锡兰红茶不只是茶，

已经变成了一条龙的茶产业。茶园是观光景点，茶园附近是度假村，游客更可亲身体验摘茶叶的乐趣。在斯里兰卡，你可以看到最好的茶叶种植园和工厂——Hanthana 茶工厂，至今保留 19 世纪工艺的茶厂——佩德罗茶庄，人气最旺的丹巴特尼茶叶工厂，顶级的茶店 Sri Lanka Tea Board Shop。

众所周知，斯里兰卡的茶源于中国。1824 年，一位英国人把中国山茶花花种带到斯里兰卡。就是这株山茶花，后来长成世界第二大茶园，给斯里兰卡带来 15 亿美元的出口额。19 世纪 80 年代，斯里兰卡茶产业迅速壮大，在短短 20 多年间，产量从 23 磅跃升为 20000 吨，取代了中国茶叶对西方国家的输出。从 18 世纪至今，英国红茶原料基本上都来自印度和斯里兰卡等国。

除了大型的茶园外，目前斯里兰卡全国有 70% 的茶叶产量来自中小茶园。作为最重要的出口创汇产品，政府一直在政策上给予优惠，例如从信贷和保险等方面对茶叶种植进行扶持和补贴。对于恶劣气候导致的减产，政府也会相应地给予茶农一定的补助以帮助其渡过难关，产业扶持使得斯里兰卡这些年的茶产量一直保持良好的增长态势。

此外，"锡兰红茶"只是一个统称。只有完全在斯里兰卡种植、制作和生产的茶叶，才称得上是正宗的锡兰红茶。为了规范锡兰红茶的出口，斯里兰卡政府茶叶出口主管机构统一颁发了"锡兰茶质量标志"——持剑狮王标志。该长方形标志上部为一右前爪持刀的雄狮，下部则是上下两排英文，上排为"CEYLON TEA"

狮王标志

字样，即"锡兰茶"，下排为"Symbol of Quality"字样，即"质量标志"之意。作为品质象征和原产地保证，只有标注此标志的锡兰红茶才是经过斯里兰卡政府认可的纯正锡兰红茶。

目前锡兰红茶也加紧了进军中国的步伐。据悉，斯里兰卡每年向中国出口的茶叶总量，从五年前的不到 100 万千克，到如今已超过 700 万千克，并且还在不断增长。在中国的茶叶进口市场中，斯里兰卡占有 35％的份额，居于越南之后，领先于印度和印度尼西亚。

中国作为斯里兰卡重要的出口目标市场，越来越多的中国年轻人喜欢奶茶和红茶。去过香港茶餐厅的人，都难忘那一杯港式奶茶。正宗的港式奶茶，口感丝滑且香醇浓郁，秘密就在于它所用的原材料都是从斯里兰卡进口的，再加上黑白淡奶，造就港式奶茶独一无二的味道。

锡兰红茶的成功经验给了我们很好的启示。安溪铁观音需要打好绿色牌，实施科技兴茶战略。绿色食品是当今市场的一种主流诉求，非绿色的食品必然四处碰壁。而低科技含量、低附加值的产品容易陷入价格战的泥潭。安溪茶业的农药残余使安溪茶在出口时屡屡碰壁，因此必须科学种茶和制茶，使茶叶达到发达国家的标准。引导企业积极开展 ISO9000、1SO14000、QS、有机茶、绿色食品等认证工作。

英国立顿红茶的年产值相当于中国茶叶出口产值的总和。立顿作为茶行业的"航母"，在袋泡红茶市场上

立顿红茶

占有 80％的市场份额，其品牌创造集合价值得益于全国性的市场营销以及高效的一体化分销网络。立顿采用产品与渠道并重的模式，其在营销上的成功经验同样值得安溪铁观音借鉴。

不过，虽说立顿红茶、锡兰红茶等备受世界消费者欢迎，但不可否认的是，这些国家的茶叶生产基本都已机械化、标准化和工业化了，茶叶一定程度上也失去了个体鲜活生动的内在和灵魂，留下的只是单一的商品。而安溪铁观音传统制作技艺中最关键的部分就在于它至今仍保留着靠手工制作的传统方法，这也是它的独特魅力所在。每一泡安溪铁观音仿佛都可以告诉品鉴者关于它自己独特的身世——曾经扎根过的土壤，呼吸过的空气，汲取过的雨露，接受过的烘焙。这也是我们当前需要大力传承、发扬并加以创新的地方，使安溪铁观音能够始终保持其竞争力，屹立于世界茶叶之林。

茶叶被誉为"本世纪最文明的饮料"。国际上一些知名的大企业如可口可乐、联合利华、雀巢等已撒巨资研究开发茶叶及茶饮料。可口可乐甚至断言："20 世纪是可口可乐的天下，21 世纪则是茶饮料的天下。"国内外对无公害茶、绿色食品茶和有机茶的需求连年递增，茶叶的市场前景非常广阔。安溪铁观音具备发展茶产业的良好基础和条件，只要重技术、抓质量，以龙头企业牵头做好品牌，政府能够提供良好的软、硬条件，就一定能够走向世界、在国际茶叶广阔市场绽放更加绚丽的光彩。

主要参考文献

1. 谢文哲主编：《安溪铁观音——一棵伟大植物的传奇》，世界图书出版公司，2010年。

2. 魏月德著：《铁观音秘笈》（闽南方言版），人民出版社，2010年。

3. 陈建中、陈丽华、庄莉著：《铁观音——安溪乌龙茶传统制作技艺》，浙江人民出版社，2012年。

4. 陈龙、陈陶然著：《闽茶说》，福建人民出版社，2006年。

5. 福建省炎黄文化研究会、福建省作家协会编：《铁观音的王国》，海峡书局，2012年。

6. 陈耕著：《闽南文化纵横谈》，金门采风文化协会出版，2015年。

7. 刘登翰、陈耕著：《论文化生态保护——以厦门市闽南文化生态保护实验区为中心》，福建人民出版社，2014年。

8. 安溪县地方志编纂委员会编：《安溪县志》，新华出版社，1994年4月。

9. 林志国著：《安溪茶业的现状与发展战略浅析》，载《中小企业管理与科技（上旬刊）》，2010年第9期。

10. 安溪县农业与茶果局出台：《安溪铁观音生产初制加工技术标准（试行）》，2015年9月。

后　记

　　关于"非物质文化遗产"的定义，据 2003 年 10 月 17 日联合国教科文组织第 32 届会议通过的《保护非物质文化遗产公约》解释，所谓"非物质文化遗产"是指"被各种群体、团体，有时是个人视为文化遗产的各种实践、表演、表现形式、知识技能及其有关的工具、实物、工艺品和文化场所"。具体而言，包括：①口头传说和表述，包括作为非物质文化遗产的语言；②表演艺术；③社会风俗、礼仪、节庆；④有关自然界和宇宙的知识和实践；⑤传统的手工艺技能。乌龙茶（铁观音）制作技艺便属于第 5 类传统的手工艺技能。

　　但是，目前我们的非物质文化遗产项目的评定和保护工作更多只关注非物质文化遗产中的技艺。所谓生产性保护，实际上就是那些技艺性的、可以创造物质财富的项目，也可以说是 GDP 挂帅。但非物质文化遗产的保护绝不是、也不应该只为了增加 GDP，我们保护非物质文化遗产最核心的目的应该是为了建设我们中华民族共同的精神家园。

　　物质文化和非物质文化，其实是不可分的，也就是所谓的文象和文脉。2007 年 6 月，时任国务院总理的温家宝同志在北京中华世纪坛参观"非物质文化遗产专题展"时说："非物质文化遗产也有物质性。要把非物质文化遗产的非物质性和物质性结合起来。物质性就是文象，非物质性就是文脉。""人之文明，无文象不生，无文脉不传。无文象无体，无文脉无魂。"并且认为：非物质文化遗产能够几千年传下来，就在于有灵魂。"一脉文心传万代，千古不绝是真魂。文脉就是一个民族的灵魂。"在温家宝同志的表述中，文象是可视的，物质性的；文脉是无形的，非物质的。

我国国家非物质文化遗产——乌龙茶（铁观音）制作技艺同样如此，在其可视的文象，也就是我们肉眼看得见的制茶工艺背后，蕴含着创造它的人的文脉，蕴含着闽南人及中华民族的智慧和价值取向。乌龙茶半发酵原理的探索与发明、铁观音传统制作技艺讲究的手工制作、对制茶技艺精益求精的不懈追求是对工匠精神最淋漓尽致的诠释，这些都是千千万万闽南人的智慧成果。一代代的闽南茶商在闭塞多山的环境中敢于走向开放与风险并存的海洋，开辟出一条条茶路，一再于绝境中焕发出顽强生命力，背井离乡却总能白手起家，充满着绝地重生的智慧与勇气。

我们对乌龙茶（铁观音）制作技艺的认识，必须由物质到非物质，由文象到文脉，层层剥笋，循序递进，方能领悟其万千气象和深厚底蕴。铁观音制作技艺所追寻的观音韵、回甘，以及铁观音茶文化讲究的"清、静、廉、洁、俭、和"的茶道精神，无不蕴含了闽南人的品格和价值取向，一种不忘初心追求美好生活、追求回归心灵宁静与淡泊的高雅品质。

还是那句话：技艺是会随着时代变迁发展的，而智慧永远给我们启迪，文化核心精神更指引着一个民族精神的追求和前进的方向。

图书在版编目(CIP)数据

乌龙茶（铁观音）制作技艺 / 林水田，林燕婷
著 . —厦门：鹭江出版社，2020.5
（闽南非物质文化遗产丛书 . 第二辑）
ISBN 978-7-5459-1688-1

Ⅰ.①乌… Ⅱ.①林… ②林…Ⅲ.①乌龙茶—制茶
工艺 Ⅳ.①TS272.5

中国版本图书馆 CIP 数据核字（2020）第 058984 号

闽南非物质文化遗产丛书·第二辑

WULONGCHA TIEGUANYIN ZHIZUO JIYI

乌龙茶（铁观音）制作技艺

林水田　林燕婷　著

出版发行：鹭江出版社
地　　址：厦门市湖明路 22 号　　　　　邮政编码：361004
印　　刷：福州德安彩色印刷有限公司
地　　址：福州金山工业区浦上园 B 区 42 栋　电话号码：0591—28059365
开　　本：890mm×1240mm　1/32
插　　页：2
印　　张：3.75
字　　数：91 千字
版　　次：2020 年 5 月第 1 版　　　2020 年 5 月第 1 次印刷
书　　号：ISBN 978-7-5459-1688-1
定　　价：36.00 元